U0348314

实用科学养羊
技术手册

◎ 张英杰　刘　洁　编著

中国农业科学技术出版社

图书在版编目（CIP）数据

实用科学养羊技术手册 / 张英杰，刘洁编著 . —北京：中国农业科学技术出版社，2021.4（2023.3 重印）

ISBN 978-7-5116-5183-9

Ⅰ. ①实… Ⅱ. ①张…②刘… Ⅲ. ①羊-饲养管理-手册

Ⅳ. ①S826-62

中国版本图书馆 CIP 数据核字（2021）第 024932 号

责任编辑　陶　莲
责任校对　马广洋
责任印制　姜义伟　王思文

出 版 者　中国农业科学技术出版社
　　　　　北京市中关村南大街 12 号　邮编：100081
电　　话　（010）82106625（编辑室）　（010）82109702（发行部）
　　　　　（010）82109709（读者服务部）
传　　真　（010）82106625
网　　址　http：//www.castp.cn
经 销 者　各地新华书店
印 刷 者　中煤（北京）印务有限公司
开　　本　850mm×1 168mm　1/32
印　　张　7.125
字　　数　154 千字
版　　次　2021 年 4 月第 1 版　2023 年 3 月第 3 次印刷
定　　价　39.80 元

前　言

　　我国养羊业历史悠久，绵羊、山羊品种资源丰富，羊的存栏数量占世界第一位。随着科学技术的进步和社会的发展，近几十年来，中国养羊业发展迅速，成果显著，前景广阔。在广大的农区、牧区及半农半牧区，发展养羊业有巨大的潜力。由于养羊成本较低，容易饲养，不少地区已通过发展养羊业脱贫致富，成为乡村振兴的重要产业。但很多养殖场(户)科学饲养管理技术还有欠缺，没有最大限度地发挥其生产潜力。为了普及科学养羊技术，编著者在查阅大量国内外文献的基础上，结合自己的工作实践，编著了《实用科学养羊技术手册》一书。

　　本书介绍了羊的品种、营养与饲料、饲养管理、羊场建筑与设备及羊病防治技术等，在内容上密切结合我国当前养羊生产实际，具有实用性和先进性，适合专业技术人员及基层畜牧兽医工作者和广大养羊场（户）参考、应用。

因编著者水平有限，书中缺点和不足之处在所难免，敬请读者批评指正。

编著者

2020 年 6 月

目 录

第一章　羊的品种与杂交改良

据 2000 年的统计资料，全世界有羊品种和遗传资源 1 884 个，其中绵羊品种 1 314 个、山羊品种 570 个。

我国复杂多样的自然地理气候条件及丰富的人文生态文化，孕育形成了数量众多、特点各异的羊品种和遗传资源。2021 年被列入《国家畜禽遗传资源品种目录》的羊品种和遗传资源有 155 个，其中绵羊品种 89 个，包括地方品种 44 个，培育品种 32 个，引入品种 13 个；山羊品种 78 个，包括地方品种 60 个，培育品种 12 个，引入品种 6 个。

我国羊的品种和遗传资源一直处于动态变化之中，新品种的育成、国外品种的引入、地方遗传资源的发掘、部分品种或遗传资源的消失均在发生。因此，我国高度重视羊品种和遗传资源的保护、评价与利用工作。2014 年被农业部（现称“农业农村部”）列入《国家级畜禽遗传资源保护名录》的羊品种有 27 个，其中绵羊品种 14 个、山羊品种 13 个。

第一节　羊的品种

一、引进国外主要绵羊、山羊品种

（一）萨福克羊

萨福克羊分黑头和白头两种，黑头萨福克羊原产于英国，白头萨福克羊原产于澳大利亚，是目前世界上体型、体重最大的肉用羊品种。美国、英国、澳大利亚等国家都将该品种作为生产羔羊肉的终端父本品种。该品种早熟，四季发情，生长发育快，产肉性能好，并且瘦肉率高，是生产大胴体优质羔羊肉的理想品种。

1. 外貌特征

体型较大，头短而宽，鼻梁隆起，耳大，公羊、母羊均无角，颈长、深，且宽厚，胸宽，背、腰和臀部宽而平。肌肉丰满，后躯发育良好。被毛白色，但偶尔可发现少量的有色纤维。黑头萨福克羊头和四肢为黑色，并且无羊毛覆盖。

2. 生产性能

成年公羊体重 110~160 千克，成年母羊 80~110 千克。4 月龄体重可达 50~55 千克，屠宰率 55%。产羔率 175%~195%。

（二）杜泊羊

杜泊羊原产于南非。属于粗毛羊，也是唯一的粗毛肉用绵羊，可作为生产优质肥羔的终端父本和培育肉羊新品种的育种素材。由于该品种为粗毛肉羊，因此与地方品种杂交利用时，杂交后代皮张质量不会下降。杜泊羊早熟，生长发育快，胴体瘦肉率高，肉质细嫩多汁、膻味轻、口感好，肉中脂肪分布均匀，为高品质胴体，特别适于肥羔生产。板皮质量好，皮张柔软，伸张性好，皱褶少且不易老化。

1. 外貌特征

有黑头和白头两种，黑头杜泊羊头颈为黑色，体躯和四肢为白色；白头杜泊羊全身为白色。一般无角，头顶平直，长度适中，额宽，鼻梁隆起，耳大稍垂，既不过短也不过宽。颈短粗、宽厚，背腰平直，肋骨拱圆，前胸丰满，后躯肌肉发达。四肢强健，肢势端正。长瘦尾。

2. 生产性能

100 日龄公羔重 34.72 千克，母羔重 31.29 千克。成年公羊体重 100~110 千克，成年母羊体重 75~90 千克。舍饲肥育条件下，6 月龄体重可达 70 千克左右。肥羔屠宰率 55%，净肉率 46%。公羊 5~6 月龄、母羊 5 月龄性成熟，公羊 10~12 月龄、母羊 8~10 月龄初配。母羊四季发情，发情周期 17 天（14~19 天），发情持续期 29~32 小时，妊娠期 148.6 天。杜泊羊的繁殖表现主要取决于营养和管理水平，因此在年度间、种群间和地区之间差异较大。正常情况下，产羔率为 140%，母羊初产产羔率 132%，第二胎 167%，第三胎 220%。在良好的饲养管理条件下，可 2 年产 3 胎，产羔率 180%。母羊泌乳力强，护羔性好。

（三）无角陶赛特羊

无角陶赛特羊原产于澳大利亚和新西兰，目前我国许多省（区）均引用该品种公羊作为主要父本与地方绵羊杂交，效果良好。

1. 外貌特征

体质结实，头短而宽，公羊、母羊均无角。颈短粗，胸宽深，背腰平直，后躯丰满，四肢粗短，整个躯体呈圆桶状，面部、四肢及被毛为白色。

2. 生产性能

该品种羊生长发育快，胴体品质好，产肉性能高，早熟。成年公羊体重 90~110 千克，成年母羊体重 65~75 千克。经过肥育的 4 月龄羔羊的胴体重公羔为 22 千克，母羔为 19.7 千克，屠宰率 50% 以上。母羊常年发情、繁殖率高，产羔率 130% 左右。

（四）特克塞尔羊

特克塞尔羊原产于荷兰特克塞尔岛沿岸，最初本地特克塞尔羊属短脂尾羊，在 18 世纪中叶引入林肯羊、莱斯特羊进行杂交，19 世纪初育成特克塞尔肉羊品种。

1. 外貌特征

光脸，光腿，腿短，宽脸，黑鼻，短耳，部分羊耳部有黑斑，体型较宽，被毛白色。

2. 生产性能

成年公羊体重 100~120 千克，母羊 70~80 千克。母羊性成熟大约 7 个月，繁殖季节接近 5 个月，产羔率高，初产母羊产羔率 130%，第二胎产羔率 170%，第三胎以上可达 195%。母性强，泌乳性能好，羔羊生长发育快，双羔羊日增重达 250 克，断奶重（12 周龄）平均 25 千克，24 周龄屠宰体重平均为 44 千克。

（五）夏洛莱羊

夏洛莱羊原产于法国中部的夏洛莱丘陵和谷地，以英国莱斯特羊、南丘羊为父本，当地的细毛羊为母本杂交育成。该品种早熟，耐粗饲，采食能力强，对寒冷潮湿或干热气候适应性良好，是生产肥羔的优良品种。20 世纪 80 年代末和 90 年代初引入我国，开始与当地粗毛羊杂交生产羔羊肉。

1. 外貌特征

体型大，胸宽深，背腰长平，后躯发育好，肌肉丰满。被毛白而细短，头无毛或有少量粗毛，四肢下部无细毛。皮肤呈粉红色或灰色。

2. 生产性能

成年公羊体重 110~140 千克，母羊体重 80~100 千克；周岁公羊体重 70~90 千克，母羊体重 50~70 千克；4 月龄育肥羔羊体重 35~45 千克。屠宰率 50%。4~6 月龄羔羊胴体重 20~23 千克，胴体质量好，瘦肉多，脂肪少。产羔率在 180% 以上。

（六）　澳洲白羊

澳洲白羊为澳大利亚于 2009 年育成的专门化肉用品种。该品种是白杜泊羊、万瑞羊、无角陶赛特羊和特克塞尔羊等品种经过复杂杂交育成的，其特点是体型大、生长快、成熟早、全年发情，有很好的自动换毛能力。2012 年我国从澳大利亚引进，目前在我国天津、河北、内蒙古自治区（全书简称内蒙古）、甘肃等地饲养效果良好，杂交改良效果明显。

1. 外貌特征

澳洲白羊被毛白色，在耳朵和鼻偶见小黑点，季节性换毛，头部和腿被毛短。嘴唇、鼻、眼角无毛处、外阴、肛门、蹄甲有色素沉积，呈暗黑灰色。头部中等宽度，下颌宽大结实。鼻梁宽大，略微隆起，鼻孔大。耳中等大小，半下垂。公羊、母羊均无角。颈部长短适中，宽厚结实。腰背平直，体高。胸部宽深，呈长筒形。前腿垂直，粗大有力。后腿分开宽度适中，上部肌肉发达。臀部宽深长，肌肉发达饱满，后视呈方形。

2. 生产性能

8 月龄、12 月龄、24 月龄澳洲白公羊的体重分别为 62.7 千克、89.3 千克、124.1 千克；8 月龄、12 月龄、24 月龄澳洲白母羊的体重分别为 54.7 千克、71.3 千克、90.6 千克。在放牧条件下，澳洲白羊 5~6 月龄可达到 23 千克胴体，舍饲条件下，该品种 6 月龄胴体重可达 26 千克，且脂肪覆盖均匀，板皮质量俱佳。作为终端父本，可以产出在生长速率、个体重量、出肉率和出栏周期等方面均理想的商品羔羊。澳洲白母羊初情期为 5 月龄（体重 45~50 千克），适宜的配种年龄为 8~10 月龄（体重约 60 千克），发情周期为 14~19 天，平均为 17 天，发情持续时间为 29~32 小时，产羔率 120%~150%，常年发情。

（七）东弗里升羊

东弗里升羊原产于荷兰和德国西北部，是目前世界绵羊品种中产奶性能最好的品种，对温带气候条件有良好的适应性。我国辽宁、北京和内蒙古等地已有引进。

1. 外貌特征

该品种体格大，体型结构良好。公羊、母羊均无角，体躯宽长，腰部结实，肋骨拱圆，臀部略倾斜，长瘦尾，无绒毛。乳房结构优良、宽广，乳头良好。被毛白色，偶有纯黑色个体出现。

2. 生产性能

成年公羊活重 90~120 千克，成年母羊 70~90 千克。成年公羊剪毛量 5~6 千克，成年母羊 3.5~4.5 千克，羊毛同

质。成年公羊毛长 20 厘米，成年母羊 16~20 厘米，羊毛细度
46~56 支，净毛率 60%~70%。成年母羊 260~300 天产奶量
为 500~810 千克，乳脂率 6%~7%。产羔率 200%~230%。

（八）波尔山羊

波尔山羊原产于南非，体质健壮，四肢发达，善于长距
离采食，主要采食灌木枝叶，适于灌木区及山区放牧。波尔
山羊对热带、亚热带及温带气候都有较强的适应能力，而且
抗病力强，对蓝舌病、肠毒血症及氢氰酸中毒症等抵抗力很
强，对体内寄生虫的侵害也不像其他品种那样敏感。纯种适
应性和杂交改良效果良好。

1. 外貌特征

具有强健的头，眼睛清秀，罗马鼻，头颈部及前肢比较
发达，体躯长、宽、深，肋部发育良好且完全展开，胸部发
达，背部结实宽厚，腿臀部肌肉丰满，四肢结实有力。毛色
为白色，头、耳、颈部浅红色至深红色，但不超过肩部，双
侧眼睑必须有色。

2. 生产性能

波尔山羊体格大，生长发育快，成年公羊体重 90~135 千
克，成年母羊体重 60~90 千克；羔羊初生重 3~4 千克，断奶
体重 27~30 千克，6 月龄时体重 30 千克以上。断奶前日增重
一般在 200 克以上，周岁内日增重平均为 190 克左右。波尔
山羊胴体瘦而不干，肉厚而不肥，色泽纯正，膻味小，多汁
鲜嫩，备受消费者欢迎。肉用性能好，8~10 月龄屠宰率为
48%，周岁时达 50%。繁殖性能较好，性成熟早，多胎率比
例高。母羊 5~6 月龄性成熟，初配年龄为 8 月龄，发情周期

18～21 天，发情持续期 38 小时，妊娠期 148 天，产羔率 193%～220%。

（九）萨能奶山羊

萨能山羊是世界上最著名的奶山羊品种，原产于瑞士泊尔尼州西南部的萨能山谷，现已广泛分布在世界各地。由于萨能奶山羊产奶量高，适应性广，许多国家都用它来改良当地山羊品种，并培育出不少的奶山羊新品种，如英国萨能奶山羊、以色列萨能奶山羊、德国改良白山羊、荷兰白山羊等。1904 年前后在山东省青岛市外国传教士将萨能奶山羊引入我国。20 世纪 30 年代，山东、河南、河北、陕西等省的饲养量不断增多。20 世纪 80 年代，陕西、四川、甘肃、辽宁、福建、安徽和黑龙江等省又从国外引入大量的萨能奶山羊。萨能奶山羊对我国奶山羊产业的发展起到了很大作用。作为父系品种，参与了关中奶山羊、崂山奶山羊等新品种的育成。现在我国奶山羊绝大多数是萨能奶山羊及其与当地山羊的杂交种，生产性能因杂交代数、所在地区和饲养水平不同而差异较大。萨能奶山羊适应性广，抗病力强，既可在牧草生长良好的丘陵山地放牧饲养，也可在平原农区舍饲。但由于原产地高燥凉爽，加之其被毛稀、绒毛短、皮下脂肪少，因而怕严寒、不耐湿热，要求在地势高燥，冬季气温不低于 −16℃、夏季气温不超过 36℃ 的地区饲养较好。

1. 外貌特征

具有乳用家畜特有的楔形体型，体格高大，细致紧凑。头长、面直、耳薄、长，向前方平伸，眼大灵活。被毛粗短，为白色或淡黄色。皮肤薄，呈粉红色。公羊、母羊均无角或偶有短角，大多有须，有些颈部有肉垂。公羊颈粗壮、母羊颈细长。胸部宽深，背腰长而平直，后躯发育好。公羊腹部浑圆紧凑，母羊腹大而不下垂。四肢结实，肢势端正。蹄质坚实呈蜡黄色。母羊乳房基部宽广，向前延伸，向后突出，质地柔软，乳头1对，大小适中。

2. 生产性能

成年公羊体重75～95千克，体高80～90厘米；成年母羊体重55～70千克，体高70～78厘米。泌乳期10个月左右，产后2～3个月产奶量最高，305天的产奶量为600～1 200千克，乳脂率3.2%～4%。头胎多产单羔，经产羊多产双羔或多羔，产羔率170%～220%。利用年限6～8年。澳大利亚至今保持着产奶量的世界纪录，365天产奶量第一个泌乳期的最高产奶量为3 296千克，第二个泌乳期的最高产奶量为3 498千克。产奶量的高低，受营养因素的制约很大，只有在良好的饲养条件下，其泌乳性能才能得到充分发挥。汗液膻味较大，受此影响，奶中膻味也较浓，是其缺点，故挤奶时，应远离公羊，所挤羊奶应尽早利用，不宜搁置太久。

（十）努比亚奶山羊

努比亚奶山羊原产于非洲东北部的埃及、苏丹及邻近的埃塞俄比亚、利比亚、阿尔及利亚等国家，在英国、美国、印度、东欧及南非等国家都有分布，具有性情温驯、繁殖力强等特点。努比亚奶山羊原产于干旱炎热地区，因而耐热性好，但对寒冷潮湿的气候适应性差。我国1939年曾引入，饲养在四川省成都市等地。20世纪80年代以来，广西壮族自治区、四川省简阳市、湖北省房县等先后数批从英国和澳大利亚等国家引入饲养繁育和利用。

1. 外貌特征

头短小，罗马鼻，鼻梁隆起，耳大下垂，颈长，躯干较短，尻短而斜，四肢细长。公羊、母羊均无须无角。母羊乳房发育良好，多呈球形。毛色较杂，有暗红色、棕色、乳白色、灰白色、黑色及各种斑块杂色，以暗红色居多，被毛细短、有光泽。

2. 生产性能

成年公羊平均体重 90 千克，体高 85 厘米，体长 89 厘米；成年母羊平均体重 58.6 千克，体高 72 厘米，体长 73 厘米。泌乳期一般 5~6 个月，产奶量一般 300~800 千克，盛产期日产奶量 2~3 千克，高者可达 4 千克以上，乳脂率 4%~7%，奶的风味好。繁殖力强，1 年可产 2 胎，每胎 2~3 羔。四川省简阳市饲养的努比亚奶山羊，妊娠期 149 天，产羔率 190%。

二、国内主要绵羊、山羊品种

（一）小尾寒羊

小尾寒羊主要分布在山东省南部、河南省濮阳地区、河北省南部黑龙港流域。山东省的中心产区主要分布在梁山、巨野、嘉祥、东平、汶上等县，是我国著名的地方优良品种。2006 年、2014 年该品种被农业部列入《国家级畜禽遗传资源保护名录》。

1. 外貌特征

小尾寒羊体质结实，身躯高大，四肢较长，侧视略呈正方形。鼻梁稍隆起，耳大下垂，公羊头大颈粗，有发达的螺旋形大角；母羊头小颈长，半数有小角或角基，形状不一，有镰刀状、鹿角状、姜芽状等，极少数无角。前躯发达，胸部宽深，肋骨开张，背腰平直。体躯长，呈圆桶状。四肢高，健壮端正。短脂尾，尾尖上翻。全身被毛白色、异质，少数个体在头部及四肢有黑褐色斑块。

2. 生产性能

小尾寒羊生长发育快，但不同地区的群体间差异较大。山东地区 3 月龄断奶公羔、母羔平均体重即可达到 27.7 千克和 25.1 千克，周岁公羊、母羊体重为 60.8 千克和 41.3 千克，成年公羊、母羊体重为 103.9 千克和 64.4 千克。小尾寒羊产肉性能好，3 月龄羔羊屠宰率为 52%，净肉率为 42%，周岁公羊、母羊为 55.6% 和 45.89%。公羊、母羊年平均剪毛量为 3.5 千克和 2.1~3 千克，净毛率为 65.54%。小尾寒羊性成熟早，母羊 5~6 月龄即可发情，公羊 7~8 月龄可配种。小尾寒羊全年发情，母羊可 1 年 2 胎或 2 年 3 胎。每胎可产 2~3 羔，最多可产 7 羔，产羔率为 270% 左右。

（二）湖羊

湖羊产于太湖流域，分布在浙江省的湖州市、桐乡市、嘉兴市、长兴县、德清县、海宁市和杭州市郊以及江苏省的吴县等地和上海市部分郊区县。近年来，被引种推广到甘肃、新疆维吾尔自治区（全书简称新疆）、河北、陕西、河南、安徽等许多省区养殖。湖羊以生长发育快、成熟早、四季发情、多胎高产、所产羔皮花纹美观著称，为我国特有的羔皮用绵羊品种，也是世界上少有的白色羔皮品种。湖羊对潮湿、多雨的亚热带产区气候和常年舍饲的饲养管理方式适应性强。2006 年、2014 年该品种被农业部列入《国家级畜禽遗传资源保护名录》。

1. 外貌特征

湖羊头狭长，鼻梁隆起，眼大突出，耳大下垂（部分地区湖羊耳小，甚至无突出的耳），公羊、母羊均无角。颈细长，胸狭窄，背平直，四肢纤细。短脂尾，尾大呈扁圆形，尾尖上翘。全身白色，少数个体的眼圈及四肢有黑色、褐色斑点。

2. 生产性能

湖羊生长发育快，在较好饲养管理条件下，6 月龄羔羊体重可达到成年羊（2 岁）体重的 70%。2 岁公羊体重为 76.33 千克，2 岁母羊为 48.93 千克。湖羊毛属异质毛，成年公羊、母羊年平均剪毛量为 1.65 千克和 1.16 千克。净毛率 50% 左右。成年母羊的屠宰率为 54%～56%。羔羊生后 1～2 天内宰剥的羔皮称为"小湖羊皮"，毛色洁白光润，有丝样光泽，皮板轻柔，花纹呈波浪形，为我国传统出口商品。羔羊生后 2～4 月龄时屠剥的皮称"袍羔皮"，也是上好的裘皮原料。繁殖能力强，母性好，泌乳性能高，性成熟早，母羊 4～5 月龄性成熟。公羊一般在 8～10 月龄、母羊在 6～8 月龄配种。四季发情，可年产 2 胎或 2 年 3 胎，每胎多产，产羔率平均为 277.4%。

（三）滩羊

滩羊主要产于宁夏回族自治区（全书简称宁夏）贺兰山东麓的银川市附近各县，主要分布于宁夏及宁夏毗邻的甘肃、内蒙古、陕西等地，是我国独特的裘皮用绵羊品种，以产二毛皮著称，毛皮美观，具有保暖、结实、轻便和不毡结等特点。2006 年、2014 年该品种被农业部列入《国家级畜禽遗传资源保护名录》。

1. 外貌特征

滩羊体质结实，体格中等。公羊鼻梁隆起，有螺旋形大角向外伸展，母羊一般无角或有小角。背腰平直，体躯窄长，四肢较短，尾长下垂，尾根宽阔，尾尖细长呈"S"状弯曲或钩状弯曲，达跗关节。被毛绝大多数为白色，头部、眼周围和两颊多有褐色、黑色、黄色斑块或斑点，两耳、嘴端、四蹄上部也有类似的色斑，纯黑、纯白者极少。

2. 生产性能

成年公羊体重 47 千克，成年母羊 43.7 千克。被毛异质，成年公羊剪毛量 1.5～1.8 千克，成年母羊 1.6～2 千克，净毛率 65% 左右。周岁羯羊的屠宰率为 47.9%，二毛皮羔羊的屠宰率为 53.7%。肉质细嫩，味道鲜美。滩羊 6～8 月龄性成熟，每年 8～9 月为发情配种旺季。一般年产 1 胎，产双羔者很少，产羔率 101%～103%。二毛皮是滩羊主要产品，是羔羊生后 30 天左右（一般在 24～35 天）宰杀剥取的羔皮。这时毛股长达 7 厘米，毛股结实，有美丽的花穗，毛色洁白，光泽悦目，皮板面积平均为 2 029 平方厘米，鲜皮重 0.84 千克。生干皮皮板厚度 0.5～0.9 毫米。二毛皮的毛纤维较细而柔软，有髓毛平均细度为 26.6 微米，无髓毛为 17.4 微米，两者的重量百分比为 15.3% 和 84.7%。鞣制好的二毛皮平均重为 0.35 千克。

（四）阿勒泰羊

阿勒泰羊属于肉脂兼用粗毛羊，主要分布在新疆北部阿勒泰地区的福海、富蕴、青海、哈巴河、布尔津、吉木及阿勒泰等县（市）。

1. 外貌特征

阿勒泰羊体格高大，体质结实，头中等大，耳大下垂，个别羊为小耳。公羊鼻梁隆起，具有较大的螺旋形角，母羊鼻梁稍隆起。胸宽深，背平直，股部肌肉丰满，臀脂发达，沉积在尾根基部的脂肪形成方圆形大尾。四肢高而结实。母羊乳房大而发育良好。被毛属异质毛，干死毛含量高。被毛为棕红色或淡红色，有部分个体头部呈黄色或黑色，体躯多有花斑，纯黑和纯白羊较少。

2. 生产性能

成年公羊平均体重 85.6 千克，成年母羊为 67.4 千克；1.5 岁公羊为 61.1 千克，1.5 岁母羊为 52.8 千克；4 月龄断奶公、母羔羊体重为 38.93 千克和 36.6 千克。3~4 岁羯羊屠宰率 53%，1.5 岁羯羊为 50%。成年公羊、母羊剪毛量为 2.4 千克和 1.63 千克。净毛率 71.24%。阿勒泰羊 4~6 月龄性成熟，初配年龄 1.5 周岁，繁殖率不高，初产母羊产羔率为 100%，经产母羊产羔率为 110.3%。

（五）新疆细毛羊

1954 年育成于新疆巩乃斯种羊场，是我国育成的第一个细毛羊品种。经农业部批准成为新品种，命名为新疆毛肉兼用细毛羊，简称新疆细毛羊。从 1972 年起，部分羊场导入澳洲美利奴羊的血液，显著提高了新疆细毛羊的羊毛长度、净毛率、净毛量，改善了羊毛的色泽及油汗颜色，羊毛品质逐渐达到澳毛的水平。新疆细毛羊自育成以来，向全国 20 多个省（自治区）大量推广，以它作为主要父系之一，参加了青海细毛羊、甘肃高山细毛羊、鄂尔多斯细毛羊、内蒙古细毛羊、青海高原半细毛羊等国内新品种的培育，对促进我国细毛羊产业的发展起到了重大的推动作用。

1. 外貌特征

新疆细毛羊体质结实，结构匀称。公羊鼻梁微隆起，母羊鼻梁呈直线或近乎直线。公羊大多数有螺旋形角，母羊大部分无角或者只有小角。公羊颈部有 1~2 个完全或不完全的横皱褶，母羊有 1 个横皱褶或者发达的纵皱褶，体躯皮肤宽松但无皱纹。胸宽深，背直而宽，体躯深长，后躯丰满。四肢结实，肢势端正。个别羊的眼圈、耳、唇部皮肤有小的色斑，被毛闭合性良好。头毛着生至两眼连线，前肢到腕关节，后肢至跗关节或以下，腹毛着生良好。

2. 生产性能

新疆细毛羊体形较大，成年公羊体高、体长和胸围分别为 75.3 厘米、81.7 厘米和 101.7 厘米以上；成年母羊分别为 65.9 厘米、72.7 厘米和 86.7 厘米以上。周岁公羊、母羊剪毛后体重平均为 42.5 千克和 35.9 千克；成年公羊、母羊平均为 88 千克和 48.6 千克。周岁公羊、母羊剪毛量平均为 4.9 千克和 4.5 千克；成年公羊、母羊平均为 11.57 千克和 5.24

千克。周岁公羊羊毛长度 7.8 厘米，周岁母羊为 7.7 厘米；成年公羊、母羊平均为 9.4 厘米和 7.2 厘米。净毛率 48.1%~51.5%。羊毛主体细度 64~66 支，羊毛油汗主要为乳白色及淡黄色。经产母羊产羔率 130% 左右。2.5 岁以上的羯羊经夏季牧场放牧后的屠宰率为 46.8%。

（六）东北细毛羊

东北细毛羊是在辽宁省小东种畜场、吉林省双辽种羊场、黑龙江省银浪种羊场等育种基地采取联合育种方法育成的我国第二个细毛羊品种，主要产区在辽宁、吉林、黑龙江 3 个省的西北部平原和部分丘陵地区。1952 年用苏联的美利奴羊、斯塔夫洛波尔羊、高加索羊、新疆细毛羊和极少数的阿斯卡尼羊与兰布列羊和蒙古羊的杂交羊（东北改良羊）进行杂交改良，从而出现了不同品种的一代、二代或几个品种复杂杂交的后代。1959 年成立了东北细毛羊育种委员会，开展联合育种工作，羊只的数量不断增加，质量得到提高。1967 年，由农业部组织鉴定验收，命名为东北毛肉兼用细毛羊，简称东北细毛羊。进入 20 世纪 80 年代后，先后导入澳洲美利奴羊的血液，使东北细毛羊的质量获得较大改进。

1. 外貌特征

东北细毛羊体质结实，结构匀称。公羊有螺旋形角，颈部有 1~2 个完全或不完全的横皱褶；母羊无角，颈部有发达的纵皱褶，体躯无皱褶。被毛白色，毛丛闭合良好，羊毛密度大，弯曲正常，油汗适中。羊毛覆盖头至两眼连线，前肢达腕关节，后肢达跗关节。

2. 生产性能

育成公羊、母羊体重平均为 43 千克和 37.8 千克；成年公羊、母羊体重 78.8 千克和 51.5 千克；剪毛量成年公羊平均 13.38 千克，成年母羊 6.1 千克，净毛率 35%~50%；成年公羊毛丛长度平均 9.3 厘米，成年母羊 7.4 厘米；羊毛细度 60~64 支。成年公羊屠宰率平均为 40.23%，净肉率为 33.16%。初产母羊的产羔率为 111%，经产母羊为 125%。

（七）南江黄羊

南江黄羊是于 20 世纪 60 年代开始，以努比亚奶山羊、成都麻羊为父本，南江县本地山羊、金堂黑山羊为母本，采用复杂杂交和不断选育，培育成功的肉用型山羊新品种。因含有努比亚奶山羊的血液，故具有较好的产乳力。板皮优良，保持了成都麻羊板皮的品质特性。板皮面积大，致密结实，富有弹性，抗张强度高，延伸率大，是皮革工业的优质原料。南江黄羊适应性强，推广到全国 20 余个省（自治区、直辖市）后，表现出了非常好的适应性。南江黄羊最适宜生长的临界气温为 9~22℃，而且喜温润、畏干旱、惧严寒、忌潮湿，因此各地在饲养和引种时要注意。

1. 外貌特征

南江黄羊公羊、母羊大多数有角，头型较大，耳长大，部分羊耳微下垂，颈较粗，体格高大，背腰平直，后躯丰满，体躯近似圆桶形，四肢粗壮。被毛呈黄褐色，毛短而紧贴皮肤、富有光泽，面部多呈黑色，鼻梁两侧有一条浅黄色条纹。公羊从头顶部至尾根沿背脊有一条宽窄不等的黑色毛带，前胸、颈、肩和四肢上端着生黑而长的粗毛。

2. 生产性能

南江黄羊周岁公羊体重 37.72 千克，母羊体重 30.75 千克；成年公羊体重 67.07 千克，成年母羊体重 45.06 千克。南江黄羊母羊常年发情，8 月龄时可配种，能年产 2 胎或 2 年产 3 胎，双羔率可达 70% 以上，多羔率达 13%，群体产羔率为 205.42%。

（八）太行山羊

太行山羊原产于太行山东西侧的河北、山西、河南等省有关县、市，具有体质健壮、放牧适应性强等特点。

1. 外貌特征

太行山羊体质结实，体格中等。头大小适中，耳小前伸，公羊、母羊均有髯，绝大部分有角，少数无角或有角基，颈粗短，胸宽深，背腰平直，后躯比前躯高，四肢强健，蹄质坚实，尾短小而上翘。被毛以黑色为主，少数为褐色、青色、灰色、白色。被毛由长粗毛和绒毛组成。

2. 生产性能

周岁公羊体重为 19.3 千克，周岁母羊为 17.8 千克；成年公羊体重为 42.7 千克，成年母羊为 38.9 千克。成年公羊抓绒量平均为 275 克，成年母羊为 160 克；绒纤维自然长度 2.36 厘米，绒纤维细度 14.1~14.4 微米；成年公羊粗毛产量为 400 克，成年母羊为 350 克，毛长 9.5~11.2 厘米。2.5 岁羯羊宰前活重 39.9 千克，屠宰率 52.8%。公羊、母羊一般在 6~7 月龄性成熟，1~1.5 岁配种，1 年 1 产，产羔率 130%~143%。

（九）内蒙古绒山羊

内蒙古绒山羊主要分布在内蒙古阿拉善盟、鄂尔多斯市、巴彦淖尔市等地。根据产区不同特点，分为 3 个类型，即阿尔巴斯型、阿拉善型和二狼山型。所产白山羊绒品质优良，在国内外享有盛誉，是我国著名的白绒山羊品种。内蒙古绒山羊已被引到 10 多个省区，适应性和杂交改良效果良好。

1. 外貌特征

体格较大，体质结实，结构匀称，毛色全白。头中等大小，公羊、母羊均有角，公羊角大，母羊角小。鼻梁微凹，眼大有神，耳大向两侧半下垂。体躯深而长，近似方形，背腰平直，后躯略高，尻略斜，尾短小上翘，四肢粗壮结实。

2. 生产性能

成年公羊、母羊平均体重为 46.9 千克和 33.3 千克；成年公羊、母羊平均剪毛量为 570 克和 257 克；抓绒量为 385 克和 305 克；绒毛长度公羊、母羊平均为 7.6 厘米和 6.6 厘米。绒毛细度公羊、母羊平均为 14.6 微米和 15.6 微米。成年羯羊屠宰率为 47%，母羊产羔率为 104%。

（十）辽宁绒山羊

辽宁绒山羊产区位于辽东半岛的步云山区周围，属长白山余脉，产区主要分布在盖州、庄河、岫岩、凤城、宽甸、瓦房店、新宾、桓仁、辽阳等 9 个县（市）。辽宁绒山羊原种场经多年选育，培育出 5 个各具特色的品系，为今后品种的进一步发展、提高和利用奠定了良好的基础。由于辽宁绒山羊卓越的生产性能和独特的种质特性，受到我国北方广大山羊绒产区的青睐。作为主要父系，参与了我国罕山白绒山羊、陕北白绒山羊、柴达木绒山羊、博格达绒山羊和甘肃陇东白绒山羊等绒山羊新品种的育成；同时，还被全国 17 个省区的 114 个旗县大批引入，改良当地山羊，取得了显著的效果，对促进我国绒山羊业的发展做出了重大贡献。该品种在 2006 年、2014 年先后两次被农业部列入《国家级畜禽品种资源保护名录》。

1. 外貌特征

体格大，毛色纯白，公羊、母羊都有角，公羊角粗大并向两侧平直伸展，母羊角较小，向后上方生长，体质结实，结构匀称，头较大，颈宽厚，背平直，后躯发达，四肢健壮有力，被毛光泽好。

2. 生产性能

成年公羊、母羊平均体重为 52 千克和 44 千克，周岁公羊、母羊平均 28 千克和 26 千克，成年公羊、母羊抓绒量平均为 0.57 千克和 0.49 千克，剪毛量平均为 0.47 千克和 0.49 千克。山羊绒的自然长度为 5.5 厘米左右，伸直长度为 8~9 厘米，细度为 16.5 微米左右，净绒率在 70% 以上，粗毛长度为 16.5~18.5 厘米。母羊产羔率为 110%~120%，成年公羊屠宰率在 50% 左右。

（十一）关中奶山羊

关中奶山羊是自 20 世纪 30 年代开始，利用萨能奶山羊与当地山羊杂交而育成的品种，1990 年通过国家畜禽品种验收，正式命名为关中奶山羊。主产于陕西省关中平原各县，包括富平、三原、泾阳、扶风、千阳、宝鸡、渭南、临潼、蓝田、蒲城等地。

1. 外貌特征

体质结实，乳用型明显，具有头、颈、躯干、四肢长的"四长"特征。公羊头大，额宽，眼大耳长，鼻直嘴齐。颈粗，胸部宽深，背腰平直，外形雄伟，尻部宽长，腹部紧凑，睾丸发育良好。公羊、母羊四肢结实，肢势端正，蹄质结实，呈蜡黄色。毛短色白，皮肤粉红色，部分羊耳、鼻、唇及乳房有大小不等的黑斑。母羊乳房大，多呈圆形，质地柔软，乳头大小适中。成年公羊体重 66.45 千克，成年母羊体重 56.49 千克。

2. 生产性能

一般饲养条件下，关中奶山羊 300 天的产奶量：一胎651.8 千克，二胎 703.7 千克，三胎 735.5 千克，四胎以上为690.95 千克。乳脂率 4.1%。在放牧加补饲的条件下，8~10月龄羯羊屠宰率为 46%。母羊初情期在 6~9 月龄，发情配种季节多集中于 9~11 月，产羔率平均为 188%。

第二节　杂交改良

一、级进杂交

级进杂交是以某一优良品种公羊连续同被改良品种母羊及其各代杂种母羊交配，使其后代的生产性能接近引进品种，可根本改变一个品种的生产方向。当一个品种生产性能很低，又无特殊经济价值，需要从根本上改造时，可引用另一优良品种与其进行级进杂交。例如，将粗毛羊改变为专门化肉用羊，将普通山羊改变为肉用型山羊，应用级进杂交是比较有效的方法。

一般来说，杂交进行到 4~5 代时，杂种羊才接近或达到改良品种的特性及其生产性能指标，但这并不意味着级进杂交就是将被改良品种完全变成改良品种的复制品。在进行级进杂交时，仍需要创造性地应用，被改良品种的一些特性应当在杂种后代中得以保留。例如，对当地生态环境的适应能力和某些品种繁殖力强的特点等。因此，级进杂交并不是级进代数越高越好，要根据杂交后代的具体表现和杂交效果，并考虑到当地生态环境和生产技术条件。当基本上达到预期目的时，这种杂交就应停止。实践证明，过高的杂交代数反而使杂种个体的生活力、繁殖力及适应性下降，效果适得其反。一般以杂交 2~3 代为宜。进一步提高生产性能的工作则应通过其他育种手段。羊级进杂交模式见图 1-1。

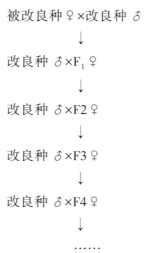

图 1-1　羊级进杂交模式

在组织级进杂交时，要特别注意选择改良品种。首先当引入的改良品种对当地生态条件能很好适应，并且对饲养管理条件的要求不甚高，或者是经过努力，能够基本满足改良品种的要求时，则往往容易达到级进杂交的预期目的。否则，应考虑更换改良品种。其次，在级进杂交过程中，当级进到第三至第四代以后，同代杂种羊的各种性能并不完全一致。因此，不同的杂种个体所需的杂交代数也不同，应视其具体表现而定。

凡是大范围的长期进行级进杂交改良的地区，杂交改良历史在15年以上，杂种羊4代以上，并且杂种羊数量庞大，可根据需要上报主管部门，申请进行杂种羊的品种归属工作。

二、育成杂交

将几个品种羊，通过杂交的方法创造出一个符合生产要求的新品种，即育成杂交。用2个品种杂交培育新的品种称为简单育成杂交，用3个或3个以上品种育成新品种称为复杂育成杂交。在复杂育成杂交中，各品种在育成新品种时的作用并非相等，其所占比重和作用必然有主次之分，要根据育种目标和在杂交过程中杂种后代的具体表现而定。育成杂交的基本出发点，就是要把参与杂交品种的优良特性集中在杂种后代上，缺点得以克服，从而创造出新品种。育成杂交的目的，是要把2个或几个品种的优点保留下来，克服缺点，成为新的品种。当本地羊品种不能满足生产要求，且不能用级进杂交的方法进行彻底改变时，即可用育成杂交法。杂交所用的品种在新品种中所占比例要根据具体情况而定，而且只要选择亲本合适，不需要杂交代数过高，能把其优良性状结合起来，达到理想要求时，即可进行自群繁育。再进一步经过严格选择和淘汰，扩大数量，提高产品质量，即可培育出新品种。

应用育成杂交创造新品种时一般要经历 3 个阶段，即杂交改良阶段、横交固定阶段和发展提高阶段。当然这 3 个阶段有时是交错进行的，很难截然分开。当杂交改良进行到一定阶段时，可能出现符合育种目标的理想型杂种个体，这样就有可能开始进入第二阶段，即横交固定阶段，但第一阶段的杂交改良仍在继续。应当做到杂种理想型个体出现一批，横交固定一批。所以，在实施育成杂交过程中，当进行前一阶段的工作时，就要为下一阶段工作准备条件，这样可以加快育种进程，提高育种工作效率。

（一）杂交改良阶段

这一阶段的主要任务是以培育新品种为目标，选择参与育种的品种和个体，大规模地开展杂交工作，以便获得大量的杂种个体。在杂交起始阶段，选择较好的基础母羊，可以缩短杂交过程。

（二）横交固定阶段（自群繁育阶段）

这一阶段的主要任务是选择理想型杂种公羊、母羊相互交配，即通过杂种羊自群繁育，固定理想特性。此阶段的关键在于发现和培育优秀的理想型杂种公羊，往往个别杰出的公羊在品种的形成过程中起着十分重要的作用，在国内外绵羊、山羊育种史上已不乏先例。

横交初期，后代性状分离比较大，需严格选择。凡不符合育种要求的个体，则应归到杂交改良群中继续用纯种公羊或理想型杂种公羊配种。有严重缺陷的个体，则应淘汰出育种群。在横交固定阶段，为了尽快固定杂种优良特性，可以采用同质交配或一定程度的亲缘交配。横交固定时间的长短，应根据育种方向、横交后代的效果而定。

（三）发展提高阶段

即品种形成和继续提高的阶段。这一阶段的主要任务是，建立品种内结构，增加新品种羊数量，提高新品种羊品质和扩大新品种分布区。杂种羊经横交固定阶段后，遗传性已较稳定，并已形成独特的品种类型，只是在数量、产品品质和品种结构上还不完全符合品种标准，此阶段可根据具体情况组织品系繁育，以丰富品种结构，并通过品系间杂交和不断组建新品系来提高品种的整体水平。

2006 年 7 月 1 日农业部发布的《畜禽新品种配套系审定和畜禽遗传资源鉴定办法》中已明确规定新品种需要具备的条件。

1. 基本条件

（1）血统来源基本相同，有明确的育种方案，至少经过 4 个世代的连续选育，并有系谱记录。

（2）体型、外貌基本一致，遗传性比较一致和稳定。

（3）经中间试验增产效果明显或者品质、繁殖力和抗病力等方面有一项或多项突出性状。

（4）提供由具有法定资质的畜禽质量检验机构最近 2 年

内出具的检测结果。

（5）健康水平符合有关规定。

2. 数量条件

群体数量在 15 000 只以上，其中 2～5 岁的繁殖母羊 10 000 只，特一级羊占繁殖母羊的 70%以上。

3. 外貌特征和性能指标

（1）外貌特征描述。毛色、角型、尾型及肉用体型以及作为本品种特殊标志的特征。

（2）性能指标。出生、断奶、周岁和成年体重，周岁和成年体尺，毛（绒）量，毛（绒）长度，毛（绒）纤维直径，净毛（绒）率，6 月龄和成年公（羯）羊的胴体重，净肉重，净肉率，屠宰率，骨肉比，眼肌面积，肉品质，泌乳量，乳脂率，产羔率等。

然后按规定程序申报，最后由国家或省畜禽品种审定委员会审定。

三、导入杂交

当一个品种的生产性能基本满足要求，但在某一方面还存在个别不足，而这种不足又难以用本品种选育得到改善时，就可选择一个具有这方面优点的公羊与之交配 1～2 次，以纠正缺点，使品种特性更加完善，这种方法称为导入杂交。采用导入杂交时，不仅要慎重挑选改良品种，对个体公羊也要很好地选择，这样才能达到纠正原来品种缺点的目的。进行导入杂交时，可在原来品种内选择少量优秀母羊和导入品种的理想公羊交配，以期获得优秀的理想公羊，再加以广泛应用，达到提高的目的。

导入杂交的模式是，用所选择的导入品种公羊配原品种母羊，所产杂种一代母羊与原品种公羊交配，一代公羊中的优秀者也可配原品种母羊，所得含有 1/4 导入品种血统的第二代，就可进行横交固定；或者用第二代的公羊、母羊与原品种继续交配，获得含导入品种公羊 1/8 血统的杂种个体，再进行横交固定。因此，导入杂交的结果在原品种中外血含量一般为 1/8 ~ 1/4。

导入杂交时，要求所用导入品种必须与被导品种是同一生产方向。导入杂交的效果在很大程度上取决于导入品种及个体的选择、杂交中的选配及幼畜培育条件等因素。

四、经济杂交

在绵羊、山羊生产中广泛应用经济杂交这一繁育手段，目的在于生产更多的、更好的肉、毛、奶等养羊业产品，而不是为了生产种羊。它是利用不同品种杂交，以获得第一代杂种为目的。即利用第一代杂种所具有的生活力强、生长发育快、饲料报酬高、产品率高等优势，在商品养羊业中被普遍采用，尤其是在羊肉生产方面。但是，这种杂种优势并不总是存在的，所以经济杂交效果的好坏也要通过不同品种杂交组合试验来确定，以选出最佳组合。决定采用的杂交父本品种，一定要根据养羊业经营方向及杂交组合试验结果慎重考虑。

经济杂交过程中，优势的产生是由于非加性基因作用的结果，包括显性、不完全显性、超显性、上位以及双因子杂交遗传等因素。实践证明，采用具有杂种优势的杂种个体交配来固定杂种优势的做法都未见成功，所以固定杂种优势很困难，甚至是不可能的。生产实践中利用杂种优势的有效做法是，必须形成和保留大量的各自独立的种群（品种或品系），以便能够不断地组织它们之间进行杂交，才能不断地获得具有杂种优势的第一代杂种。还必须指出，绵羊、山羊的所有经济性状并不是以同样程度受杂种优势的影响。一般来说，在个体生命早期的性状如断奶存活率、幼龄期生长速度等所受的影响较大；近亲繁殖时受有害影响较大的性状，杂种优势的表现程度相应地也较大；同时，杂种优势的程度还决定于进行杂交时亲代遗传多样性的程度。

在经济杂交过程中，如何度量"杂种优势"，是十分重要的。有人认为，最好的度量是 F_1 代超过其较高水平亲代的数量；而另一些人认为，杂种优势最好是通过 F_1 代平均数和双亲平均数的比较来度量，所用公式如下。

$$杂种优势（\%）=\frac{F_1 代×性状平均数-双亲×性状平均数}{双亲×性状平均数}×100$$

五、远缘杂交

远缘杂交是指动物学上不同种、属，甚至不同科动物间的一种繁育方式。由于种、属间差别较品种为大，其杂交后代通常表现出有较强的生活力。这种动物如果具有正常的繁殖能力，也可创造出新品种。远缘杂交虽然有利用和育种价值，但由于交配双方在遗传上、生理上和在生殖系统构造上的巨大差异，因此也并非任何种间动物都能进行杂交，即使能杂交，其后代也未必都具有正常的生殖能力。

第二章 羊的营养和饲料

第一节　羊的营养需要和饲养标准

一、营养需要

羊所需要的营养物质包括能量、蛋白质、矿物质、维生素和水等。羊对这些营养物质的需要可以分为维持需要和生产需要。维持需要是指羊为了维持正常的生理活动，体重不增不减，也不进行生产时所需要的营养物质的需要量。羊的生产需要指羊在进行生长、繁殖、泌乳和产毛时对营养物质的需要量。

（一）能量需要

饲粮的能量水平是影响生产力的重要因素之一。能量不足会导致幼龄羊生长缓慢，母羊繁殖率下降，泌乳期缩短，羊毛生长缓慢、毛纤维直径变细等；能量过高对生产和健康同样不利。因此，合理的能量水平，对保证羊体健康、提高生产力、降低饲料消耗具有重要作用。

羊的呼吸、运动、生长、维持体温等全部生命过程都需要热能，这些热能的主要来源是碳水化合物，碳水化合物除供应热能外，剩余部分可在体内转化为脂肪贮存起来，以备饥饿时利用。此外，羊瘤胃中微生物的繁殖及菌体蛋白质的合成也受碳水化合物的影响。羊瘤胃内有充足的碳水化合物，可促进瘤胃微生物的繁殖和活动，有利于蛋白质等其他营养物质的有效利用；若饲料中碳水化合物供应不足，就会动用体内贮存的脂肪和蛋白质来满足能量的需求，导致羊体重减轻，生长发育缓慢，繁殖力也会降低。

碳水化合物可分为无氮浸出物和粗纤维。无氮浸出物又可分为糖类和淀粉；粗纤维又可分为纤维素、半纤维素、木质素等。碳水化合物一是来自精饲料，主要有淀粉和可溶性糖，二是来自牧草和其他粗饲料，如干草、作物秸秆和青贮饲料，这类饲料的粗纤维含量高。糖类和淀粉的营养价值高，易于被消化利用，粗纤维在瘤胃纤维分解菌的作用下，可将不溶性纤维素分解为可溶性的糊精和糖，再分解成低级挥发性脂肪酸，即乙酸、丙酸、丁酸，使其变为营养物质被羊利用。瘤胃中未分解发酵的粗纤维，进入结肠和盲肠为肠道细菌发酵分解，变成挥发性脂肪酸被吸收。淀粉类饲料在羊口腔中消化不多，大部分进入瘤胃中消化，未被消化分解的淀粉进入小肠，在胰淀粉酶的作用下分解为蔗糖和麦芽糖，最后分解为葡萄糖和果糖，为肠壁所吸收，进入肝脏参与畜体代谢。

（二）蛋白质需要

蛋白质具有极为重要的营养作用，是动物建造组织和体细胞的基本原料，是修补组织的必需物质，还可以代替碳水化合物和脂肪的产热作用，以供给机体热能的需要。蛋白质是构成羊皮、羊毛、肌肉、蹄、角、内脏器官、血液、神经、酶类、激素、抗体等体组织的基本物质。各个生理阶段的羊，都需要一定的蛋白质。蛋白质缺乏，会使羊消瘦、衰弱，甚至死亡。种公羊缺乏蛋白质会造成精液品质下降。母羊蛋白质营养缺乏会使胎儿发育不良，产死胎、畸形胎，泌乳减少，幼羊生长发育受阻，严重者发生贫血、水肿，抗病力弱，甚至引起死亡。羔羊肥育需要蛋白质比成年羊更多，原因是羔羊肥育主要是肌肉组织的增长，而成年羊肥育主要是脂肪组织的增长。

饲料中的蛋白质是由各种氨基酸组成的。羊对蛋白质的需要，实质就是对各种氨基酸的需要。饲料中的蛋白质进入羊瘤胃后，大多数被微生物利用，合成菌体蛋白，然后与未被消化的蛋白质一同进入皱胃，由消化酶分解成各种必需氨基酸和非必需氨基酸，被消化道吸收利用。氨基酸有 20 多种，其中有些氨基酸在体内不能合成或合成速度和数量不能满足羊体正常生长需要，必须从饲料中供给，这些氨基酸称为必需氨基酸。成年羊瘤胃中存有大量微生物，能将食入的纤维素分解转化为各种营养物质，并合成各种氨基酸，因此羊对饲料品质的要求不太严格，一般也不缺乏必需氨基酸。羔羊（一般指断奶前）由于瘤胃发育不完善，至少要提供 9 种必需氨基酸，即组氨酸、异亮氨酸、亮氨酸、赖氨酸、蛋氨酸、苯丙氨酸、苏氨酸、酪氨酸和缬氨酸，随着瘤胃的发育成熟，对日粮中必需氨基酸的需要逐渐减少。一般羔羊到 4 月龄瘤胃微生物基本发育完善。

各类饲料的粗蛋白质含量和氨基酸组成比例不同。豆类饲料和饼粕类饲料中的蛋白质营养价值高于谷物饲料。饲料蛋白质被羊食入后，在瘤胃中被微生物降解成肽和氨基酸，然后再合成菌体蛋白被小肠吸收，在转化过程中形成养分损失，影响利用率。各种蛋白质饲料的瘤胃降解率不同，其中瘤胃降解率低的饲料如优质干苜蓿。选择饲用天然降解率低的蛋白质饲料，可减少蛋白质营养在瘤胃内的酵解，使其直接进入皱胃、小肠被消化吸收，从而提高转化效率。另外，也可以采用"过瘤胃技术"减少饲料蛋白质的瘤胃降解损失。

蛋白质饲料较缺乏的地区可以用尿素或铵盐等非蛋白质含氮物饲喂肥育羊，代替一部分蛋白质饲料。但是4月龄以前的羔羊不能饲喂非蛋白氮饲料，因为此时瘤胃微生物区系尚未发育成熟。尿素只能替代羊日粮中部分蛋白质，因为瘤胃微生物利用尿素的能力有一定限度，尿素喂量过多，吸收就会降低，瘤胃中的微生物随之减少，纤维素的消化率也会下降，严重时会引起中毒，甚至死亡。尿素的喂量，一般占日粮干物质的1%，也可按每100千克体重日喂20克计算。

（三）脂肪需要

羊的各种器官、组织，如神经、肌肉、皮肤、血液等都含有脂肪。脂肪不仅是构成羊体的重要成分，也是热能的重要来源。每克脂肪产热13千卡，是碳水化合物或蛋白质的3.25倍。另外，脂肪也是脂溶性维生素的溶剂，饲料中维生素A、维生素D、维生素E、维生素K及胡萝卜素，只有被饲料中的脂肪溶解后，才能被羊体吸收利用。多余的脂肪以体脂肪形式贮存于体内，用于保持体温，并在饲料条件差时，转化为热能供羊机体维持生命和生产。

羊体内的脂肪主要由饲料中的碳水化合物转化为脂肪酸

后再合成体脂肪，但羊体不能直接合成十八碳二烯酸（亚麻油酸）、十八碳三烯酸（次亚麻油酸）和二十碳四烯酸（花生油酸）3 种不饱和脂肪酸，必须从饲料中获得。若日粮中缺乏这些脂肪酸，羔羊生长发育缓慢，皮肤干燥，被毛粗直，有时易患维生素 A、维生素 D 和维生素 E 缺乏症。由于瘤胃微生物的作用，羊可将饲料中的不饱和脂肪酸氧化为饱和脂肪酸。同时，羊空肠后部能较好地吸收长链脂肪酸和饱和脂肪酸，因此羊的体脂肪组成与单胃动物不同，饱和脂肪酸比例明显大于不饱和脂肪酸。

豆科作物籽实、玉米糠及稻糠等均含有较多脂肪，是羊日粮中脂肪的重要来源，一般羊日粮中不必添加脂肪，因为羊对脂肪需求量相对较少，一般饲料即能满足需求。羊日粮中脂肪含量超过 10%，会影响羊的瘤胃微生物发酵，阻碍羊体对其他营养物质的吸收和利用。

（四）矿物质需要

羊需要多种矿物质，矿物质是组成羊体不可缺少的营养成分，它参与羊神经及肌肉系统的形成、营养的消化、运输及代谢、体内酸碱平衡等活动，也是体内多种酶的重要组成部分和激活因子。矿物质营养缺乏或过量都会影响羊正常的生长、繁殖和生产。现已证明，至少有 15 种矿物质元素是羊体所必需的，其中常量元素 7 种，包括钠、钾、钙、镁、氯、磷和硫；微量元素 8 种，包括碘、铁、钼、铜、钴、锰、锌和硒。

1. 钠和氯

钠可以促进神经和肌肉兴奋性，参与神经冲动的传导；

氯为胃液盐酸的成分，能激活胃蛋白酶，有助于消化。钠和氯的主要作用是维持细胞外液渗透压和调节酸碱平衡。

植物性饲料中钠和氯的含量较少，而羊以植物性饲料为主，所以经常钠和氯不足。补饲食盐是给羊补充钠和氯最普通、最有效的方法。食盐对羊很有吸引力，在自由采食的情况下常常超过羊的实际需要量。一般认为，在日粮干物质中添加0.5%的食盐即可满足羊对钠和氯的需要，每天每只羊需要食盐5~15克。

2. 钾

钾约占机体干物质的0.3%，主要功能是维持机体的渗透压和酸碱平衡。此外，钾还参与蛋白质和糖代谢，促进神经和肌肉的兴奋性。

在一般情况下，饲料中的钾可以满足羊的需要。羊对钾的需要量为饲料干物质的0.5%~0.8%。绵羊对钾的最大耐受量占日粮干物质的3%。

3. 钙和磷

机体中99%的钙构成牙齿和骨骼，少量钙存在于血清和软组织中，血液中的钙有抑制神经、兴奋肌肉、促进血液凝固和保持细胞膜完整性等作用；机体中的磷约有80%构成骨骼和牙齿，磷参与糖、脂类、氨基酸的代谢和保持血液pH值正常。

饲料中的钙和无机磷可以被直接吸收，而有机磷则需水解为无机磷才能被吸收。钙和磷的吸收需要在溶解状态下进行，因此凡是能促进钙、磷溶解的因素就能促进钙、磷的吸收。钙和磷的吸收有密切的关系。饲料中正常的钙磷比例应该在（1~2）：1，幼龄羊的钙磷比应该为 2 : 1。高钙和高镁不利于磷的吸收。大量研究表明，在放牧条件下，羊很少发生钙、磷缺乏，这可能与羊喜欢采食含钙和磷较多的植物有关。在舍饲条件下，饲粮以粗饲料为主，则应注意补充磷，以精饲料为主则应该补充钙。奶山羊由于奶中钙和磷含量较高，产奶量相对于体重的比例较大，所以应特别注意补充钙和磷，如长期供应不足，将造成体内钙和磷贮存严重降低，最终导致溶骨症。

绵羊食用钙化物一般不会出现钙中毒。但是若日粮中钙过量，会加速其他元素如磷、镁、铁、碘、锌和锰的缺乏。

4. 镁

镁参与细胞增殖、分化和凋亡过程的调控，主要通过动员细胞内镁池中的镁离子来实现。镁缺乏的动物对体内氧化应激的敏感性升高，且机体组织对外界的过敏化反应也较为敏感。结果导致细胞内脂质、蛋白质和核酸氧化损伤，这些物质的氧化损伤将引起细胞膜功能改变，细胞内钙代谢紊乱，心血管疾病发生，加速衰老和致癌。

缺镁将影响酶的代谢，改变细胞膜的通透性，加速钠、钾、钙依赖泵能量消耗，加快细胞内钙的贮存；增加儿茶酚胺与前列腺素样物的合成，减少血流，导致细胞坏死等。羊缺镁引起代谢失调。缺镁的主要症状为"痉挛"。土壤中缺镁地区的羔羊容易发生"缺镁痉挛症"。此外，早春放牧的羊，由于采食含镁量低（低于干物质的 0.2%）、吸收率低（平均17%）的青牧草而发生"草痉挛"。主要表现为神经过敏、肌肉痉挛、抽搐、走路蹒跚、呼吸弱，甚至死亡。

通过测定血清含量可以鉴定羊是否缺镁。正常情况下，血清中镁的含量为 1.8~3.2 毫克/毫升。

5. 硫

硫以含硫氨基酸形式参与被毛、蹄爪等角蛋白的合成；硫是硫胺素、生物素和胰岛素的组成成分，参与碳水化合物代谢；硫以黏多糖的成分参与胶原蛋白和结缔组织代谢。瘤胃微生物能有效利用无机硫化合物，合成含硫氨基酸和维生素 B_{12}。硫是黏蛋白和羊毛的重要成分，净毛含硫量为 2.7%~5.4%，羊毛（绒）越细，含硫量越高。硫在常见牧草中和一般饲料中的含量较低，仅为毛纤维含硫量的 1/10 左右。在放牧和舍饲情况下，天然饲料含硫量均不能满足羊毛（绒）最大生长的需要。因此，硫成了绵羊、山羊毛纤维生长的主要限制因素。大量研究表明，补充含硫氨基酸可以显著提高羊毛产量和毛的含硫量，产毛量高的群体对硫元素更敏感。

在瘤胃代谢过程中，硫是微生物活动必不可少的元素，特别是对瘤胃微生物蛋白质的合成，进而对纤维消化产生相当大的作用。食物和唾液中的含硫化合物在瘤胃中被细菌吸收用于合成氨基酸，未被吸收的经瘤胃壁迅速吸收，并被氧化成硫酸盐而分布于血浆和体液中。血液中的硫酸盐可以经唾液分泌重新返回瘤胃或经循环到达大肠。硫通过胃壁的数量十分有限，主要通过唾液返回瘤胃。硫缺乏与蛋白质缺乏症状相似，出现食欲减退、增重减少、毛生长速度降低。此外，还表现出唾液分泌过多、流泪和脱毛。

反刍动物硫的代谢与氮代谢密切相关，通常以氮硫比的形式表示。肉牛、羔羊、奶牛适宜的氮硫比为 15：1，羊毛氮硫比为5：1。生长期羯羊的硫补充量为日粮可消化干物质的0.22%，氮硫比为10：1时，山羊的日粮中含有尿素时必须补充硫。

6. 硒和碘

硒是反刍动物营养必需的微量元素之一，由于硒在全球的天然分布极不均匀，我国大面积地区不同程度的缺硒。在我国北纬21°～53°、东经97°～135°，由东北到西南走向的狭长地带，如黑龙江、辽宁、河北、山东和四川等地的部分地区为缺硒和严重缺硒地带。

硒具有抗氧化作用，它是谷胱甘肽过氧化物酶的成分。脂类和维生素E的吸收受硒的影响。硒对羊的生长有刺激作用，此外还与动物的生长、繁殖密切相关。硒是体内脱碘酶的重要组成部分，脱碘酶与甲状腺素的生产直接相关，甲状腺素是影响动物生长发育的一种很重要的激素。因此，若处于硒、碘双重缺乏状态时，单纯补碘可能收效甚微，还必须保证硒的供给。

缺硒有明显的地域性，常和土壤中硒的含量有关，当土壤含硒量在0.1毫克/千克以下时，羊即表现为硒缺乏。以日粮干物质计算，每千克日粮中硒含量超过4毫克时即会引起羊硒中毒，表现为脱毛、蹄溃烂、繁殖力下降等。

在缺硒地区，给母羊注射1%亚硒酸钠注射液1毫升，羔羊出生后再注射0.5毫升，即可预防白肌病的发生。

碘是甲状腺素的成分。正常成年羊血清中碘含量为3～4毫克/100毫升，低于此值是缺碘标志。碘缺乏则出现甲状腺肿大，羔羊发育缓慢，甚至出现无毛症或死亡。我国缺碘地区面积较大，缺碘地区的羊常用碘化食盐（含 0.01%~0.02% 碘化钾的食盐）补饲。每千克饲料干物质中一般推荐的碘含量为 0.15 毫克。

7. 铁

铁是合成血红蛋白和肌红蛋白的原料，保证机体氧的运输。铁还作为细胞色素酶类的成分及碳水化合物代谢酶类的激活剂，催化机体内各种生化反应。

缺铁的典型症状是贫血，其临床表现为生长慢、昏睡、可视黏膜变白、呼吸频率加快。一般情况下，由于牧草中铁含量较高，因而放牧羊不易发生缺铁，哺乳羔羊和饲养在漏缝地板上的舍饲羊易发生缺铁。每千克日粮干物质含 30 毫克铁即可满足各种羊对铁的需要。

8. 铜和钼

铜是动物体内细胞色素氧化酶、血浆铜蓝蛋白酶、赖氨酰氧化酶、过氧化物歧化酶、酪氨酸酶等一系列酶的重要成分，以酶的辅助形式广泛参与氧化磷酸化、自由基解毒、黑色素形成、儿茶酚胺代谢、结缔组织交连、铁和胺类氧化、尿酸代谢、血液凝固和毛发形成的过程。除此之外，铜还是葡萄糖代谢调节、胆固醇代谢、骨骼矿化作用、免疫功能、红细胞生成和心脏功能等功能代谢所必需的微量元素。

钼是黄嘌呤氧化酶及硝酸还原酶的组成成分，体组织和体液中也含有少量的钼。钼与铜、硫之间存在着相互促进，相互制约的关系。对饲喂低钼日粮的羔羊补饲铜盐能提高增重。钼饲喂过量，毛纤维直、粪便松软、尿黄、脱毛、贫血、骨骼异常和体重迅速下降。钼中毒可通过提高日粮中的铜水平进行控制。

反刍动物对铜的耐受量比单胃动物低。高血铜的牛、羊肝脏含铜量高于正常10倍，如此高含量的肝脏铜常可引起溶血、死亡。由于羊对钼的需要量很小，一般情况下不易缺乏，但是当日粮中含较多铜和硫时可能导致钼缺乏，当日粮铜和硫含量太低时又容易出现钼中毒。预防羊缺铜可以补饲硫酸铜或对草地施含铜的肥料。羊饲料中铜和钼的适宜比例应为（6~10）：1。

绵羊缺铜表现为如下。

①被毛褪色，脱毛。缺铜可影响角蛋白的合成，因此羊毛品质异常是绵羊缺铜症最早出现的症状。缺铜的绵羊出现被毛褪色，羊毛弯曲度消失变直，被毛粗糙，色素消失，尤以眼圈周围最为明显。②贫血。各种动物长期缺铜必然会导致贫血。铜蓝蛋白可加速运铁蛋白的生成，骨髓可直接利用运铁蛋白的铁离子产生网织红细胞，缺铜可妨碍正常红细胞的生成，因而产生贫血。当绵羊血液铜含量低于0.1%~0.12%毫克/千克时会出现贫血症。③地方性共济失调。本病主要发生于新生羔羊，也称"新生幼畜共济失调""羔羊后躯摇摆症""摇背病"等。主要以共济失调和后肢部分麻痹为特征，严重的病畜则倒地，持续躺卧，最后死于营养衰竭。澳大利亚、英国、苏联、非洲等国家均有报道；我国宁夏、内蒙古、青海、新疆、甘肃等地也有本病发生。④泥炭泻。在沼泽地（泥炭或腐殖土）上生长的植物含铜量不足，长期在这种草地上放牧会出现持续性腹泻，因而将铜缺乏引起的腹泻称为泥炭泻。调查发现，铜缺乏主要分布在淡灰钙土、灰钙土性质的荒漠草原以及沼泽草甸土上，发病动物排出黄绿色至黑色水样粪便，极度衰竭。

9. 钴

钴是维生素 B_{12} 的成分，而维生素 B_{12} 可促进血红素的形成。羊瘤胃微生物能利用钴合成维生素 B_{12}。

血液及肝脏中钴的含量可作为羊体是否缺钴的指标，血清中钴含量在 0.25～0.3 微克/升为缺钴界限，若低于 0.2 微克/升为严重缺钴。羊缺钴时，表现为食欲下降、流泪、被毛粗硬、精神不振、消瘦、贫血、泌乳量和产毛量降低、发情次数减少、易流产。在缺钴地区，牧草可以施用硫酸钴肥，每公顷 1.5 千克，可将钴添加到食盐中，每 100 千克含钴量为 2.5 克，或按钴的需要量投服钴丸。

10. 锌和锰

锌是动物体内多种酶的成分和激活剂；锌有利于胰岛素发挥作用；锌还参与胱氨酸黏多糖代谢，可维持上皮组织的健康和被毛正常生长；锌能促进性激素的活性，并与精子生成有关。

羔羊缺锌出现"侏儒"现象。绵羊缺锌羊角和羊毛易脱落，眼和蹄上部出现皮肤不完全角化症，公羊睾丸萎缩、母羊繁殖力下降，缺锌可使生长羔羊的采食量下降，降低机体对营养物质的利用率，增加氮和硫的尿排出量。

一般情况下，羊可根据日粮含锌量的多少而调节锌的吸收率，当日粮含锌少时，吸收率迅速增加并减少体内锌的排出。NRC 推荐的锌需要量为 20～33 毫克/千克饲料干物质，也有人推荐绵羊日粮的最佳锌含量为 50 毫克/千克饲料干物质。

锰参与三大营养物质的代谢；锰参与骨骼的形成，并与动物繁殖有关。在实验室条件下，早期断奶羔羊和长期饲喂日粮干物质中含量为 1 毫克/千克锰的饲料，可以观察到骨骼畸形发育现象。缺锰导致羊繁殖力下降的现象在养羊实践中常有发生，长期饲喂锰含量低于 8 毫克/千克的日粮，会导致青年母羊初情期推迟、受胎率降低、妊娠母羊流产率提高、羔羊性比例不平衡、公羔比例增大而且母羔死亡率高于公羔的现象。饲料中铁和钙的含量影响羊对锰的需求。对成年羊而言，羊毛中锰含量对饲料锰供给量很敏感，因此可以作为羊锰营养状况的指标。

NRC 认为，饲料中锰含量达到 20 毫克/千克时，即可满足各阶段羊对锰的需求。

（五）维生素需要

维生素是维持动物正常生理功能所必需的低分子有机化合物，是动物新陈代谢的必需参与者。作为生物活性物质，在代谢中起调节和控制作用。动物体必需的维生素分为脂溶性维生素（维生素 A、维生素 D、维生素 E、维生素 K）和水溶性维生素（B 族维生素和维生素 C）。

羊体内可以合成维生素 C。瘤胃微生物可以合成维生素 K 和 B 族维生素，一般情况下不需要补充。但是维生素 A、维生素 D、维生素 E 需要饲料提供。羔羊阶段因为瘤胃功能没有完全发挥，微生物区系未建立，无法合成 B 族维生素和维生素 K，所以也需要通过饲料提供。

1. 维生素 A

绵羊每天对维生素 A 或胡萝卜素的需要量为每千克活重 47 单位或每千克活重 6.9 毫克 β-胡萝卜素。在妊娠后期和泌乳期可以增至每千克活重 85 单位或每千克活重 125 毫克 β-胡萝卜素，绵羊主要靠采食胡萝卜素满足对维生素 A 的需要。

2. 维生素 D

维生素 D 为类固醇衍生物，分为维生素 D_2 和维生素 D_3。放牧绵羊在阳光下，通过紫外线照射可合成并获得充足的维生素 D_2，但如果长时间阴云天气或圈养，可能出现维生素 D 缺乏症。这时应饲喂经过太阳晒制的干草，以补充维生素 D。

3. 维生素 E

新鲜牧草的维生素 E 含量较高。自然干燥的干草在贮藏过程中会损失掉大部分维生素 E。母羊每天只需要 30~50 单位维生素 E，羔羊需要 5~10 单位，一般情况下放牧即可满足羊对维生素 E 的需要。

4. B 族维生素

包括硫胺素（维生素 B_1）、核黄素（维生素 B_2）、烟酸（维生素 B_3）、生物素（维生素 B_4）、泛酸（维生素 B_5）、吡哆醇（维生素 B_6）、叶酸、胆碱和维生素 B_{12}。主要作用为细胞酶的辅酶，催化碳水化合物、脂肪和蛋白质代谢中的各种反应。

5. 维生素 K

维生素 K 的主要作用是催化肝脏对凝血酶原和凝血质的合成。青饲料富含维生素 K_1，瘤胃微生物可大量合成维生素 K_2，一般不会出现缺乏。但是在实际生产中，由于饲料间的拮抗作用而妨碍维生素 K 的利用；霉变饲料中真菌霉素有制约维生素 K 的作用；药物添加剂，如抗生素和磺胺类药物，能抑制胃肠道微生物对维生素 K 的合成。以上情况均会造成缺乏，需要适当增加维生素 K 的喂量。

（六）水的需要

从严格意义上讲，水不属于营养物质，但它是一切生命活动不可缺少的物质。水是机体器官、组织的主要组成部分，约占体重的一半。羊的一切生理活动都需要水的参与，是饲料消化吸收、营养物质代谢、体内废物排泄及体温调节等生理活动所必需的物质。水可以溶解、吸收、运输各种营养物质，排泄代谢废物，调节体温，促进细胞与组织的化学作用，调节组织的渗透压。

羊饮水不足，会使羊的胃肠蠕动减慢，消化紊乱，血液浓缩，体温调节功能等遭到破坏。在缺水情况下，羊只体内脂肪过度分解，会促进毒血症的发生，并导致肾炎等症状。饮水不足会影响食物的适口性，导致采食量下降。羊体含水量一般占其体重的55%~65%。羊对水的需要比对其他营养物质的需要更重要。一只饥饿羊，可以失掉几乎全部脂肪、半数以上蛋白质和体重的40%仍能生存，但失掉体重1%~2%的水，即出现渴感，食欲减退。继续失水达体重的8%~10%，则引起代谢紊乱。失水达体重的20%，可使羊死亡。

羊所需要的水来自饮水、饲料中的水分及代谢水（即动物新陈代谢过程所产生的水），但主要依靠饮水。羊的代谢水只能满足其需要量的5%~10%。羊对水的利用率很高，但是还应该提供充足饮水。羊体需水量受机体代谢水平、环境温度、生理阶段、体重、采食量和饲料组成等多种因素影响。每采食1千克饲料干物质，需水1~2千克。成年羊一般每日需饮水3~4千克。羊的生产水平高时需水量大，环境温度升高需水量增加，采食量大时需水量也大。羊采食矿物质、蛋白质、粗纤维较多，需要较多的饮水。一般气温高于30℃，羊的需水量明显增加；当气温低于10℃时，需水量明显减少。

气温在10℃，采食1千克干物质需供给2.1千克水；当气温升高到30℃以上时，采食1千克干物质需供给2.8~5.1千克水。舍饲养殖必须供给足够的饮水，在羊舍和运动场中设置水槽，经常供给清洁的饮水。尤其在炎热的夏季更应该注意。羊饮水的水温不能超过40℃，因为水温过高会造成瘤胃微生物的死亡，影响瘤胃的正常功能。在冬季，饮水温度不能低于5℃，温度过低会抑制微生物活动，且为维持正常体温，动物必须消耗自身能量。

二、饲养标准

饲养标准即动物营养需要量，是科学工作者通过多种消化代谢和动物试验，并结合生产实践中积累的经验，科学地规定各种畜禽在不同性别、体重、生理状态和生产水平等条件下，每头每天应给予的能量和各种营养物质的数量，是用以指导动物饲养的基本标准。实践证明，按照饲养标准所规定的营养供给量饲喂羊，对提高羊生产性能和饲料利用效率都有明显效果。但必须注意，饲养标准的使用要尽量与当地饲料供应情况相适应，如饲料资源不足时，营养供给量要相应降低。

世界各国几乎都有本国的绵羊饲养标准，但被普遍接受和广泛使用的是美国NRC饲养标准。饲料配方的配制可参考美国NRC饲养标准（2007），详见表2-1至表2-4。由于羊的营养需要量大都是在实验室条件下通过大量试验，并用一定数学方法（如析因法等）得到的估计值，在一定程度上也受实验手段和方法的影响，加之羊的饲料组成及生存环境变异性很大，因此在实际使用中应做一定的调整。

表 2-1　成年母绵羊营养需要（NRC，2007）

体重 （千克）	体增重 （克/天）	干物质 （千克）	代谢能 （兆焦/天）	代谢蛋白质 （克/天）	钙 （克/天）	磷 （克/天）
仅维持						
40	0	0.77	6.19	40	1.8	1.3
50	0	0.91	7.32	47	2.0	1.5
60	0	1.05	8.41	53	2.2	1.8
70	0	1.18	9.41	60	2.4	2.0
80	0	1.30	10.42	66	2.6	2.2
90	0	1.42	11.38	72	2.8	2.5
100	0	1.54	12.30	78	3.0	2.7
120	0	1.76	14.10	90	3.3	3.1
140	0	1.98	15.86	102	3.7	3.5
配种						
40	20	0.85	6.82	46	2.1	1.5
50	23	1.01	8.03	55	2.4	1.8
60	26	1.15	9.25	62	2.6	2.1
70	29	1.30	10.38	70	2.9	2.4
80	32	1.43	11.46	77	3.1	2.7
90	35	1.56	12.51	85	3.4	2.9
100	38	1.69	13.56	92	3.6	3.2
120	44	1.94	15.52	106	4.0	3.7
140	50	2.18	17.41	119	4.5	4.2
妊娠前期（单胎：体重3.9~7.5千克）						
40	18	0.99	7.91	55	3.4	2.4

（续表）

体重 （千克）	体增重 （克/天）	干物质 （千克）	代谢能 （兆焦/天）	代谢蛋白质 （克/天）	钙 （克/天）	磷 （克/天）
50	21	1.16	9.25	64	3.8	2.8
60	24	1.31	10.50	73	4.2	3.2
70	27	1.46	11.72	81	4.5	3.5
80	30	1.61	12.89	89	4.9	3.9
90	33	1.75	14.02	96	5.2	4.2
100	35	1.89	15.10	104	5.5	4.5
120	41	2.15	17.20	118	6.1	5.1
140	46	2.39	19.16	132	6.7	5.7
妊娠前期（二胎：体重3.4~6.6千克）						
40	30	1.15	9.20	67	4.8	3.2
50	35	1.31	10.50	76	5.4	3.7
60	40	1.51	12.09	87	5.9	4.2
70	45	1.69	13.47	97	6.5	4.6
80	50	1.84	14.73	105	7.0	5.1
90	55	2.00	15.98	114	7.4	5.5
100	59	2.15	17.15	123	7.9	5.9
120	68	2.44	19.50	139	8.7	6.6
140	76	2.71	21.67	155	9.5	7.3
妊娠前期（三胎：体重2.9~5.7千克）						
40	39	1.00	10.04	69	5.4	3.3
50	46	1.46	11.67	86	6.5	4.4
60	52	1.65	13.18	97	7.1	4.9
70	59	1.82	14.60	107	7.8	5.4
80	65	2.00	15.98	117	8.3	5.9
90	71	2.17	17.32	127	8.9	6.3

体重 （千克）	体增重 （克/天）	干物质 （千克）	代谢能 （兆焦/天）	代谢蛋白质 （克/天）	钙 （克/天）	磷 （克/天）
100	77	2.32	18.54	135	9.4	6.7
120	88	2.63	21.00	153	10.4	7.6
140	99	2.92	23.39	171	11.4	8.4
妊娠后期（单胎：体重3.9~7.5千克）						
40	71	1.00	9.96	68	4.3	2.6
50	84	1.45	11.55	85	5.1	3.5
60	97	1.63	13.01	95	5.7	4.0
70	109	1.80	14.43	105	6.1	4.4
80	120	1.98	15.82	114	6.6	4.8
90	131	2.15	17.15	124	7.1	5.2
100	142	2.30	18.41	133	7.5	5.5
120	163	2.61	20.88	151	8.3	6.3
140	183	2.89	23.10	167	9.0	6.9
妊娠后期（二胎：体重3.4~6.6千克）						
40	119	1.06	12.76	86	6.3	3.4
50	141	1.47	14.64	104	7.3	4.3
60	161	1.65	16.48	116	8.1	4.8
70	181	1.83	18.28	129	8.8	5.3
80	200	1.99	19.87	139	9.4	5.8
90	218	2.68	21.42	162	10.7	7.2
100	236	2.87	22.93	173	11.3	7.7
120	271	3.24	25.90	196	12.5	8.6
140	304	3.57	28.58	216	13.6	9.5
妊娠后期（三胎或三胎以上：体重2.9~5.7千克）						
40	155	1.22	14.60	101	7.7	4.1

（续表）

体重 （千克）	体增重 （克/天）	干物质 （千克）	代谢能 （兆焦/天）	代谢蛋白质 （克/天）	钙 （克/天）	磷 （克/天）
50	183	1.41	16.86	116	8.7	4.7
60	210	1.57	18.83	129	9.5	5.2
70	235	2.07	20.71	149	10.8	6.4
80	260	2.26	22.59	162	11.6	6.9
90	284	2.44	24.39	175	12.3	7.4
100	307	2.59	25.94	185	13.0	7.9
120	352	2.92	29.16	209	14.4	8.8
140	396	4.04	32.34	250	16.7	11.2
哺乳前期（单胎：产奶量0.71~1.32千克/天）						
40	-14	1.09	10.92	105	4.1	3.4
50	-16	1.26	12.55	119	4.6	3.9
60	-17	1.77	14.18	141	5.4	5.0
70	-19	1.96	15.69	154	5.9	5.5
80	-20	2.13	17.07	167	6.3	5.9
90	-21	2.30	18.45	179	6.7	6.4
100	-22	2.47	19.79	191	7.1	6.8
120	-24	2.78	22.26	213	7.8	7.6
140	-26	3.08	24.64	235	8.5	8.4
哺乳前期（二胎：产奶量1.18~2.21千克/天）						
40	-24	1.4	14.02	150	6.0	5.0
50	-26	1.61	15.98	170	6.7	5.7
60	-29	1.80	18.03	189	7.3	6.3
70	-31	1.98	19.79	205	7.9	6.9
80	-33	2.15	21.55	222	8.5	7.4
90	-35	2.32	23.18	237	9.0	8.0

（续表）

体重 （千克）	体增重 （克/天）	干物质 （千克）	代谢能 （兆焦/天）	代谢蛋白质 （克/天）	钙 （克/天）	磷 （克/天）
100	-37	2.48	24.77	253	9.5	8.5
120	-41	3.47	27.74	296	11.3	10.7
140	-44	3.82	30.54	324	12.3	11.7
哺乳前期（三胎或三胎以上：产奶量 1.53~2.87 千克/天）						
40	-31	1.36	16.36	178	7.1	5.7
50	-34	1.88	18.79	209	8.3	7.0
60	-38	2.09	20.88	230	9.1	7.8
70	-41	2.29	22.93	251	9.8	8.5
80	-43	3.11	24.85	285	11.3	10.3
90	-46	3.34	26.69	304	12.0	11.0
100	-49	3.56	28.45	323	12.7	11.7
120	-53	3.98	31.84	358	13.9	13.0
140	-57	4.37	34.98	391	15.1	14.4
哺乳前期（仅挤奶：产奶量 2.37~3.97 千克/天）						
50	-47	2.87	23.10	263	10.4	8.5
60	-52	2.14	25.69	291	11.4	9.4
70	-56	2.34	28.12	316	12.4	10.3
80	-60	3.04	30.38	351	13.8	12.0
90	-64	3.25	32.51	374	14.7	12.7
100	-67	3.46	34.60	3966	15.5	13.5
120	-73	3.86	38.58	438	17.0	14.9
140	-79	5.29	42.30	501	19.7	18.2
哺乳中期（单胎：产奶量 0.47~0.89 千克/天）						
40	0	1.20	9.62	90	3.5	3.1

（续表）

体重 （千克）	体增重 （克/天）	干物质 （千克）	代谢能 （兆焦/天）	代谢蛋白质 （克/天）	钙 （克/天）	磷 （克/天）
50	0	1.40	11.21	104	3.9	3.6
60	0	1.58	12.64	116	4.3	4.0
70	0	1.75	14.02	128	4.6	4.4
80	0	1.91	15.31	138	5.0	4.8
90	0	2.07	16.57	149	5.3	5.2
100	0	2.22	17.78	159	5.6	5.6
120	0	2.51	20.13	179	6.2	6.3
140	0	2.79	22.34	198	6.8	6.9
哺乳中期（二胎：产奶量0.79~1.48千克/天）						
40	0	1.50	11.97	125	4.9	4.3
50	0	1.72	13.77	141	5.4	4.9
60	0	1.94	15.48	158	6.0	5.5
70	0	2.14	17.11	173	6.5	6.1
80	0	2.33	18.62	187	6.9	6.6
90	0	2.51	20.08	200	7.4	7.1
100	0	2.68	21.46	213	7.8	7.5
120	0	3.02	24.14	238	8.6	8.4
140	0	3.33	26.65	261	9.3	9.2
哺乳中期（三胎或三胎以上：产奶量1.03~1.92千克/天）						
40	0	1.37	13.72	143	5.5	4.6
50	0	1.97	15.73	170	6.6	6.0
60	0	2.20	17.61	189	7.2	6.6
70	0	2.42	19.37	206	7.8	7.3
80	0	2.63	21.00	222	8.4	7.8
90	0	2.83	22.64	238	8.9	8.4

（续表）

体重 （千克）	体增重 （克/天）	干物质 （千克）	代谢能 （兆焦/天）	代谢蛋白质 （克/天）	钙 （克/天）	磷 （克/天）
100	0	3.03	24.23	254	9.4	9.0
120	0	3.39	27.15	282	10.4	10.0
140	0	3.74	29.87	309	11.3	10.9
哺乳中期（仅挤奶：产奶量1.59~2.66千克/天）						
50	0	1.90	18.95	207	7.9	6.8
60	0	2.11	21.13	229	8.7	7.5
70	0	2.32	23.18	249	9.4	8.2
80	0	3.14	25.10	283	10.8	10.0
90	0	3.37	26.94	302	11.5	10.7
100	0	3.60	28.79	321	12.1	11.4
120	0	4.03	32.26	357	13.4	12.6
140	0	4.41	35.31	388	14.5	13.8
哺乳后期（单胎：产奶量0.23~0.45千克/天）						
40	10	1.09	8.70	70	2.7	2.3
50	11	1.26	10.04	80	3.0	2.7
60	12	1.43	11.42	91	3.3	3.1
70	14	1.61	12.84	102	3.6	3.2
80	15	1.73	14.06	111	3.9	3.8
90	16	1.91	15.27	120	4.2	4.1
100	17	2.05	16.44	128	4.4	4.4
120	18	2.33	18.62	145	4.9	5.0
140	20	2.60	20.79	162	5.4	5.6
哺乳后期（二胎：产奶量0.38~0.75千克/天）						
40	25	1.38	11.05	96	3.7	3.2
50	28	1.60	12.80	110	4.2	3.7
60	31	1.80	14.39	123	4.6	4.2

（续表）

体重 （千克）	体增重 （克/天）	干物质 （千克）	代谢能 （兆焦/天）	代谢蛋白质 （克/天）	钙 （克/天）	磷 （克/天）
70	34	2.00	15.98	135	5.0	4.6
80	37	2.19	17.49	148	5.4	5.1
90	39	2.37	18.91	159	5.8	5.5
100	41	2.53	20.25	170	6.2	5.9
120	46	2.87	22.97	192	6.9	6.6
140	50	3.19	25.48	213	7.5	7.4
哺乳后期（三胎或三胎以上：产奶量0.55~0.97千克/天）						
50	40	1.83	14.69	130	5.0	4.4
60	44	2.06	16.53	146	5.6	5.0
70	48	2.29	18.33	161	6.1	5.5
80	52	2.50	20.00	175	6.6	6.0
90	55	2.69	21.51	187	7.0	6.5
100	59	2.89	23.14	201	7.4	6.9
120	65	3.26	26.11	227	8.3	7.8
140	70	3.59	28.74	249	9.0	8.6
哺乳后期（仅挤奶：产奶量0.85~1.35千克/天）						
60	50	2.35	18.74	175	6.8	6.0
70	54	2.58	20.63	192	7.3	6.6
80	59	2.82	22.55	208	7.9	7.2
90	62	3.04	24.27	224	8.5	7.7
100	66	3.25	25.98	239	9.0	8.3
120	73	3.66	29.25	268	10.0	9.3
140	80	4.05	32.38	296	10.9	10.2

表 2-2 公羊营养需要（NRC，2007）

体重（千克）	体增重（克/天）	干物质（千克）	代谢能（兆焦/天）	代谢蛋白质（克/天）	钙（克/天）	磷（克/天）
维持						
100	0	1.77	14.14	86	3.3	3.1
125	0	2.09	16.74	102	3.8	3.7
150	0	2.40	19.16	118	4.3	4.3
200	0	2.98	23.81	148	5.2	5.3
配种前						
100	47	1.95	15.56	101	3.6	3.4
125	56	2.30	18.41	120	4.2	4.1
150	64	2.64	21.09	139	4.7	4.7
200	79	3.27	26.19	174	5.7	5.9

表 2-3 生长羔羊营养需要（NRC，2007）

体重（千克）	体增重（克/天）	干物质（千克）	代谢能（兆焦/天）	代谢蛋白质（克/天）	钙（克/天）	磷（克/天）
4月龄（成熟度=0.3，晚熟）						
20	100	0.57	4.56	51	2.3	1.5
20	150	0.78	6.28	70	3.1	2.2
20	200	0.59	5.94	78	3.7	2.5
20	300	0.61	7.28	104	5.1	3.5
30	200	1.05	8.45	92	4.1	2.9
30	250	0.76	7.61	98	4.5	3.2
30	300	0.88	8.79	114	5.3	3.8
30	400	1.12	11.17	146	6.9	5.0
40	250	1.32	10.59	115	5.0	3.7
40	300	1.54	12.30	134	5.9	4.4
40	400	1.16	11.63	150	7.0	5.1
40	500	1.40	14.02	182	8.6	6.3

（续表）

体重 （千克）	体增重 （克/天）	干物质 （千克）	代谢能 （兆焦/天）	代谢蛋白质 （克/天）	钙 （克/天）	磷 （克/天）
50	250	1.38	11.05	119	5.1	3.8
50	300	1.59	12.76	137	6.0	4.5
50	400	1.21	12.09	153	7.0	5.1
50	500	1.45	14.52	186	8.6	6.3
50	600	1.69	16.90	219	10.2	7.6
60	250	1.43	11.46	122	5.1	3.8
60	300	1.65	13.18	141	6.0	4.5
60	400	2.08	16.65	179	7.8	5.9
60	500	1.49	14.94	190	8.7	6.4
60	600	1.74	17.36	222	10.3	7.6
70	150	1.04	8.37	88	3.4	2.4
70	200	1.26	10.13	107	4.3	3.1
70	300	1.70	13.60	145	6.1	4.6
70	400	2.14	17.07	183	7.9	6.0
70	500	2.57	20.59	220	9.6	7.4
80	150	1.09	8.70	92	3.4	2.5
80	200	1.31	10.46	111	4.3	3.2
80	300	1.75	13.97	149	6.1	4.6
80	400	2.19	17.53	186	7.9	6.0
80	500	2.63	21.05	224	9.7	7.5
4月龄（成熟度=0.6，早熟）						
20	100	0.63	6.32	47	2.1	1.5
20	150	0.65	7.82	57	2.6	2.0
20	200	0.83	10.00	71	3.4	2.7
20	300	1.20	14.39	100	4.9	4.0
30	200	1.20	11.97	84	3.7	3.0
30	250	1.06	12.72	89	4.2	3.4
30	300	1.25	14.94	104	4.9	4.0

（续表）

体重 （千克）	体增重 （克/天）	干物质 （千克）	代谢能 （兆焦/天）	代谢蛋白质 （克/天）	钙 （克/天）	磷 （克/天）
30	400	1.62	19.37	133	6.4	5.4
40	250	1.50	15.06	104	4.6	3.8
40	300	1.29	15.44	108	5.0	4.1
40	400	1.66	19.92	137	6.4	5.4
40	500	2.03	24.39	166	7.9	6.7
50	250	1.55	15.52	108	4.6	3.8
50	300	1.81	18.16	125	5.4	4.6
50	400	1.70	20.42	141	6.5	5.4
50	500	2.08	24.94	170	8.0	6.8
50	600	2.45	29.46	199	9.5	8.1
60	250	1.60	15.98	112	4.7	3.9
60	300	1.86	18.62	129	5.5	4.6
60	400	2.39	23.89	163	7.1	6.1
60	500	2.12	25.44	174	8.0	6.8
60	600	2.50	30.00	203	9.5	8.1
70	150	1.81	14.48	102	3.7	3.1
70	200	2.28	18.28	125	4.7	4.1
70	300	1.91	19.04	133	5.5	4.7
70	400	2.44	24.35	167	7.1	6.1
70	500	2.16	25.94	178	8.0	6.8
80	150	1.86	14.90	106	3.8	3.2
80	200	2.34	18.70	129	4.8	4.1
80	300	1.95	19.50	136	5.6	4.7
80	400	2.48	24.85	170	7.2	6.2
80	500	3.02	30.17	204	8.8	7.7

表2-4 生长羔羊矿物质和维生素营养需要（NRC，2007）

体重（千克）	体增重（克/天）	钠（克/天）	氯（克/天）	钾（克/天）	镁（克/天）	硫（克/天）	钴（毫克/天）	铜（毫克/天）	碘（毫克/天）	铁（毫克/天）	锰（毫克/天）	硒（毫克/天，吸收系数0.6）	硒（毫克/天，吸收系数0.3）	锌（毫克/天）	维生素A（视黄醇当量/天）	维生素E（单位/天）
20	100	0.4	0.3	2.9	0.6	1.1	0.13	3.1	0.3	32	12	0.09	0.18	13	2 000	200
20	150	0.4	0.3	3.3	0.7	1.3	0.15	4.0	0.4	46	15	0.13	0.27	17	2 000	200
20	200	0.5	0.4	3.6	0.8	1.5	0.16	4.9	0.4	61	18	0.18	0.35	21	2 000	200
20	300	0.6	0.5	4.6	1.1	2.0	0.22	6.6	0.5	90	24	0.26	0.52	29	2 000	200
30	200	0.6	0.5	4.8	1.0	2.0	0.22	5.5	0.5	62	21	0.18	0.36	24	3 000	300
30	250	0.7	0.5	4.8	1.1	1.9	0.21	6.4	0.5	77	24	0.22	0.44	28	3 000	300
30	300	0.7	0.6	5.4	1.3	2.2	0.24	7.3	0.6	91	27	0.26	0.53	32	3 000	300
30	400	0.8	0.7	6.5	1.5	2.8	0.31	9.1	0.8	120	33	0.35	0.69	40	3 000	300
40	250	0.8	0.6	6.3	1.3	2.6	0.29	7.1	0.7	78	26	0.23	0.45	45	4 000	400
40	300	0.8	0.7	6.7	1.4	2.8	0.31	8.0	0.8	92	29	0.27	0.53	51	4 000	400
40	400	1.0	0.7	7.2	1.7	2.9	0.32	9.7	0.8	121	36	0.35	0.70	63	4 000	400
40	500	1.1	0.8	8.3	1.9	3.5	0.39	11.5	1.0	150	42	0.43	0.87	75	5 000	500
50	250	0.9	0.7	7.0	1.5	2.7	0.30	7.8	0.8	79	29	0.23	0.46	49	5 000	500
50	300	1.0	0.7	7.7	1.6	3.1	0.35	8.6	0.9	94	32	0.27	0.54	55	5 000	500
50	400	1.1	0.8	8.0	1.8	3.2	0.35	10.4	0.9	123	38	0.35	0.71	67	5 000	500
50	500	1.2	0.9	9.0	2.1	3.7	0.41	12.2	1.0	152	45	0.44	0.88	79	5 000	500

（续表）

体重（千克）	体增重（克/天）	钠（克/天）	氯（克/天）	钾（克/天）	镁（克/天）	硫（克/天）	钴（毫克/天）	铜（毫克/天）	碘（毫克/天）	铁（毫克/天）	锰（毫克/天）	硒（毫克/天，吸收系数0.6）	硒（毫克/天，吸收系数0.3）	锌（毫克/天）	维生素A（视黄醇当量/天）	维生素E（单位/天）
50	600	1.3	1.0	10.1	2.3	4.3	0.47	13.9	1.2	181	51	0.52	1.04	91	5 000	500
60	250	1.0	0.8	8.3	1.7	3.3	0.37	8.4	0.9	81	32	0.23	0.47	53	6 000	600
60	300	1.1	0.8	8.3	1.8	3.2	0.36	9.3	0.9	95	35	0.28	0.55	59	6 000	600
60	400	1.2	0.9	9.6	2.0	3.9	0.44	11.1	1.1	124	41	0.36	0.72	71	6 000	600
60	500	1.3	1.0	9.8	2.3	3.9	0.43	12.8	1.1	153	47	0.44	0.88	83	6 000	600
60	600	1.4	1.1	10.8	2.5	4.4	0.49	14.6	1.2	182	54	0.53	1.05	95	6 000	600
70	150	1.0	0.8	8.6	1.6	3.3	0.37	7.3	0.9	53	28	0.15	0.31	45	7 000	700
70	200	1.1	0.8	9.0	1.7	3.5	0.39	8.2	1.0	68	31	0.20	0.39	51	7 000	700
70	300	1.2	0.9	9.8	2.0	3.9	0.44	10.0	1.1	97	37	0.28	0.56	63	7 000	700
70	400	1.3	1.0	10.5	2.2	4.2	0.47	11.7	1.2	126	44	0.36	0.73	75	7 000	700
70	500	1.4	1.1	11.4	2.4	4.7	0.52	13.5	1.3	155	50	0.45	0.89	87	7 000	700
80	150	1.1	0.9	9.3	1.8	3.5	0.39	8.0	1.0	55	31	0.16	0.32	48	8 000	800
80	200	1.2	0.9	9.7	1.9	3.7	0.41	8.9	1.0	69	34	0.20	0.40	54	8 000	800
80	300	1.3	1.0	10.9	2.1	4.3	0.48	10.6	1.2	98	40	0.28	0.57	66	8 000	800
80	400	1.4	1.1	11.1	2.4	4.3	0.48	12.4	1.2	127	46	0.37	0.73	78	8 000	800
80	500	1.6	1.2	12.7	2.6	5.2	0.57	14.2	1.4	156	53	0.45	0.90	90	8 000	800

第二节 羊的常用饲料

一、饲料分类

（一）国际分类法

根据国际饲料的命名和分类原则，按饲料特性分为八大类：青饲料、粗饲料、青贮饲料、能量饲料、蛋白质饲料、矿物质饲料、维生素饲料和添加剂饲料。

1. 粗饲料

粗饲料是体积大，难消化，可利用养分少，绝对干物质中粗纤维在18%以上的一类饲料，主要包括干草类、农副产品类、树叶类、糟渣类等。

2. 青饲料

也叫青绿饲料，水分含量在60%以上，蛋白质含量较高，按干物质计禾本科牧草蛋白质含量为13%～15%，豆科牧草为18%～24%；粗纤维含量较低，木质素含量低，无氮浸出物含量较高；钙、磷含量丰富，比例适当；维生素含量丰富。

3. 青贮饲料

青贮饲料是将新鲜的植物性饲料切碎后装入青贮容器内，在厌氧条件下经乳酸菌发酵，使青饲料的养分保存下来，制成的一种营养丰富的多汁饲料。青贮饲料具有特殊气味，适口性好，营养丰富，基本上保持了青饲料原有的特点，故有"草罐头"之称。

4. 能量饲料

能量饲料是指在绝对干物质中，粗纤维含量小于18%，粗蛋白质含量小于20%的一类饲料。一般干物质中消化能高于12.55兆焦/千克的饲料为高能量饲料，低于12.55兆焦/千克的饲料为低能量饲料。

5. 蛋白质饲料

饲料干物质中蛋白含量≥20%、粗纤维<18%的饲料称作蛋白质饲料，主要包括植物性蛋白质饲料、动物性蛋白质饲料、微生物蛋白质饲料及工业合成产品等。

6. 矿物质饲料

矿物质饲料包括工业合成的和天然单一的矿物质饲料，多种混合的矿物质饲料以及配合有载体的微量元素、常量元素的矿物质饲料。

7. 维生素饲料

维生素饲料是指工业合成或提纯的单种维生素或复合维生素，但是不包括某一种或几种维生素含量较多的天然饲料。

8. 添加剂

添加剂包括防腐剂、着色剂、抗氧化剂、香味剂、生长促进剂、各种药物添加剂以及氨基酸，但是不包括矿物质和维生素饲料。

（二）中国现行饲料分类法

随着信息技术的快速发展，我国在20世纪80年代初开始建立饲料编码分类体系，该体系根据国际惯用的分类原则将饲料分为八大类，然后结合我国传统饲料分类习惯分为16

个亚类（表2-5），并对每类饲料冠以相应的中国饲料编码。该饲料编码共7位数，首位数为分类编码，2~3位数为亚类编码，4~7位数为各饲料属性信息的编码。例如，玉米的编码为4-07-0279，说明玉米为第四大类能量饲料，07表示属第七亚类谷实类，0279为该玉米属性编码。

表2-5 饲料亚类编码

编码	名称	编码	名称	编码	名称	编码	名称
01	青绿植物	05	干草类	09	豆类	13	动物性饲料类
02	树叶类	06	藁秕农副产品类	10	饼粕类	14	矿物性饲料类
03	青贮饲料类	07	谷实类	11	糟渣类	15	维生素饲料类
04	根茎瓜果类	08	糠麸类	12	草籽树实类	16	添加剂及其他

（三）羊饲料种类

羊饲料种类甚多，可分为植物性饲料、矿物性饲料及其他特殊饲料。其中，植物性饲料包括粗饲料、青贮饲料、多汁饲料和精饲料等，对羊的饲养非常重要。

1. 粗饲料

又称粗料，系指含能量低，而粗纤维含量高（约占干物质20%以上）的植物性饲料，如干草、秸秆和秕壳等。这类饲料体积大、消化率低，但资源丰富。

（1）干草。由青绿牧草在抽穗期或花期刈割后干制而成。成功调制的干草，应保留一定的青绿颜色，故亦称青干草。在干草调制过程中，牧草中损失掉20%~40%的营养物质，只有维生素D_3增加。干草的营养价值与牧草种类、物候期和调制技术密切相关。

干草的特点是：粗纤维含量较高，一般为 26.5% ~ 35.6%；粗蛋白质的含量随牧草种类不同而异，豆科干草较高，为 14.3% ~ 21.3%，而禾本科牧草和禾谷类作物干草较低，为 7.7% ~ 9.6%；能量值差异不大，每千克消化能为 9.63 兆焦左右；钙的含量一般豆科干草高于禾本科干草，如苜蓿为 1.42%，禾本科为 0.72%。

（2）秸秆。农作物收获后剩下的茎叶部分。秸秆的特点是：粗纤维含量高，占干物质的 31% ~ 49%；木质素、半纤维素、硅酸盐含量高，如燕麦秸秆粗纤维含量为 49%，木质素为 14.6%，硅酸盐占灰分的 30% 左右，且质地粗硬、适口性差、消化率低。每千克消化能一般为 7.78 ~ 10.46 兆焦；粗蛋白质含量低，豆科秸秆为 8.9% ~ 9.6%，禾本科为 4.2% ~ 6.3%；粗脂肪含量较少，为 1.3% ~ 1.8%；胡萝卜素含量低，每千克禾谷类秸秆为 1.2 ~ 5.1 毫克。秸秆饲料虽有许多不足之处，但经过加工调制后，营养价值和适口性有所提高，仍是羊冬、春季节补饲的主要饲料。

（3）青贮饲料。将新鲜青饲料，装填到密闭的青贮容器内，在厌氧条件下利用乳酸菌发酵产生乳酸，当 pH 值接近 4 时，则所有微生物处于被抑制状态以保存青饲料。在青贮过程中，营养物质损失低于 10%。青贮饲料粗蛋白质和胡萝卜素含量较高，具有酸香味，柔软多汁，适口性好，容易消化，是羊冬、春季节优良的补饲饲料。

2. 精饲料

又称精料，系指体积小、粗纤维含量低、能量含量高的饲料。例如，籽实类饲料，包括玉米、大麦、高粱、青稞、燕麦、豌豆和蚕豆等；糠麸类饲料（种子表皮磨下部分，含有少量淀粉）的粗纤维含量略高于籽实饲料而低于粗饲料，其能量少于籽实饲料而多于粗饲料，故亦被列入精饲料；饼粕类饲料的蛋白质含量高，粗纤维含量少于粗饲料，能量与籽实饲料几乎相等，是羊的蛋白质补充饲料，也可列入精饲料。

3. 块根块茎类饲料

属于多汁饲料，包括胡萝卜、甜菜、菊芋、莞根和马铃薯等。其水分和可溶性碳水化合物含量高，粗纤维和蛋白质含量（按干物质计算）接近禾本籽实饲料，适口性好，易消化。

4. 矿物质饲料

属于无机物饲料。羊体所需要的多种矿物质仅从植物性饲料中不能得到满足，需要额外补充。常用的矿物质补充饲料有食盐、石灰石粉、贝壳粉和脱氟磷矿粉等。

5. 微量元素添加剂

饲料中微量元素的含量取决于植物种类和生长条件（土壤、肥料、气候），故各地缺乏微量元素的种类不尽一致，需要有针对性的补充。微量元素也可用化学纯制剂补充。在日粮中，由于添加量很少（每吨饲料为 1～9克），因此必须混合均匀，使用时必须干燥。利用不同盐类来补充微量元素，其用量应根据微量元素含量计算（表 2-6）。

表 2-6　常用微量元素盐类的微量元素含量

元素	盐类	含量（%）	元素	盐类	含量（%）
铜	碳酸铜	53.0	锌	碳酸锌	52.4
	硫酸铜	25.5		硫酸锌	22.7
	氧化铜	80.0		氧化锌	80.3
钴	碳酸钴	49.5	铁	碳酸铁	41.7
	硫酸钴	24.8		无水硫酸铁	36.7
	氧化钴	73.4		氧化铁	69.9
锰	碳酸锰	47.8	碘	碘化钾	76.4
	硫酸锰	32.5		碘化钙	60.0
	氧化锰	77.4	硒	亚硒酸钠	30.0

（四）维生素添加剂

放牧绵羊、山羊在夏、秋季节一般不会出现维生素缺乏症，但在冬、春枯草期常会出现维生素不足。对配种季节的种公羊、枯草期的妊娠母羊和幼龄羊都需要添加维生素。目前，常用的维生素添加剂有维生素 A、维生素 D_3、维生素 E、维生素 K_3、维生素 B_1、维生素 B_2、维生素 B_6、维生素 PP、氯化胆碱、泛酸钙、叶酸和生物素等。

二、常用饲料营养成分

羊常用饲料成分及营养价值见表 2-7。

表2-7 羊常用饲料成分及营养价值

名称	干物质(%)	粗蛋白质(%)	粗脂肪(%)	粗纤维(%)	无氮浸出物(%)	粗灰分(%)	钙(%)	磷(%)	总能(兆焦/千克)	消化能(兆焦/千克)	代谢能(兆焦/千克)	可消化粗蛋白质(克/千克)
(一)青饲料类												
白菜(内蒙古)	13.60	2.00	0.80	1.60	8.00	1.20	—	0.07	2.47	1.92	1.59	14.00
冰草(北京)	28.80	3.80	0.60	9.40	12.70	2.30	0.12	0.09	5.02	3.05	2.51	20.00
甘蓝(北京)	5.60	1.10	0.20	0.50	3.40	0.40	0.03	0.02	1.05	0.84	0.71	9.00
灰蒿	28.40	6.80	2.00	6.70	9.90	3.00	0.17	0.08	5.31	3.05	2.51	39.00
胡萝卜叶(新疆)	16.10	2.60	0.70	2.30	7.80	2.70	0.47	0.09	2.68	1.80	1.50	17.00
马铃薯秧(哈尔滨)	12.10	2.70	0.60	2.50	4.50	1.80	0.23	0.02	2.09	1.09	0.88	14.00
苜蓿	25.00	5.20	0.40	7.90	9.30	2.20	0.52	0.06	4.43	2.68	2.17	37.00
三叶草(宁夏,红三叶)	18.60	4.90	0.60	3.10	7.00	3.00	—	0.01	3.18	2.30	1.88	38.00
沙打旺	31.50	3.60	0.50	10.40	14.40	2.60	—	—	5.39	2.88	2.38	25.00
甜菜叶	8.70	2.00	0.30	1.00	3.50	1.90	0.11	0.04	1.38	0.96	0.79	13.00
向日葵叶	20.00	3.80	1.10	2.90	8.80	3.40	0.52	0.06	3.39	2.09	1.71	24.00
小叶胡枝子	41.90	4.90	1.90	12.30	20.50	2.30	0.45	0.02	7.69	4.14	3.39	34.00

（续表）

名称	干物质（%）	粗蛋白质（%）	粗脂肪（%）	粗纤维（%）	无氮浸出物（%）	粗灰分（%）	钙（%）	磷（%）	总能（兆焦/千克）	消化能（兆焦/千克）	代谢能（兆焦/千克）	可消化粗蛋白质（克/千克）
紫云英	13.00	2.90	0.70	2.50	5.60	1.30	0.48	0.17	2.38	1.76	1.42	21.00
（二）树叶类												
槐叶	88.00	21.40	3.20	10.90	45.80	6.70	—	0.26	16.30	10.83	8.86	141.00
柳叶（内蒙古，落叶）	86.50	16.40	2.60	16.20	43.00	8.30	—	—	15.34	7.61	6.27	64.00
梨树叶	90.60	9.67	3.48	—	—	8.95	2.53	0.27	18.27	11.11	9.34	57.28
杨树叶	89.59	7.31	1.80	—	—	10.44	3.39	0.18	16.22	10.39	8.14	49.31
榆树叶（青海西宁）	88.00	15.30	2.60	9.70	49.50	10.90	2.24	0.19	15.09	8.57	7.02	96.00
榛子叶	88.00	12.60	6.20	7.30	56.30	5.60	1.17	0.18	16.59	9.15	4.51	79.00
紫穗槐叶（宁夏，初花期）	88.00	20.50	2.90	15.50	43.80	5.30	1.20	0.12	16.43	10.78	8.82	135.00
（三）青贮饲料类												
草木樨青贮（青海西宁）	31.60	5.40	1.00	10.20	10.90	4.10	0.58	0.08	5.39	3.09	2.68	39.00
胡萝卜青贮（甘肃）	23.60	2.10	0.50	4.40	10.10	6.50	0.25	0.03	3.22	2.72	2.22	10.00

（续表）

名称	干物质（%）	粗蛋白质（%）	粗脂肪（%）	粗纤维（%）	无氮浸出物（%）	粗灰分（%）	钙（%）	磷（%）	总能（兆焦/千克）	消化能（兆焦/千克）	代谢能（兆焦/千克）	可消化粗蛋白质（克/千克）
胡萝卜缨青贮	19.70	3.10	1.30	5.70	4.80	4.80	0.35	0.03	3.09	2.05	1.67	20.00
苜蓿青贮（西宁青海湖）	33.70	5.30	1.40	12.80	10.30	3.90	0.50	0.10	5.85	3.26	2.68	34.00
全株玉米青贮	36.75	9.38	2.89	—	—	5.88	0.43	0.25	17.80	12.10	10.69	60.36
全株小麦青贮	37.36	10.41	2.74	—	—	7.42	0.38	0.17	19.16	14.07	12.45	66.43
（四）块根、块茎、瓜果类												
甘薯（鲜）（7个省8个样品均值）	25.00	1.00	0.30	0.90	22.00	0.80	0.13	0.05	4.39	3.68	3.01	6.00
胡萝卜（西宁，红色）	8.20	0.80	0.30	1.10	5.00	1.00	0.08	0.04	1.38	1.21	1.00	6.00
胡萝卜（西宁，黄色）	8.80	0.50	0.10	1.40	6.10	0.70	0.11	0.07	1.46	1.34	1.09	4.00
萝卜（青海白萝卜）	7.00	1.30	0.20	1.00	3.70	0.80	0.04	0.03	1.21	1.00	0.84	9.00
马铃薯（内蒙古）	23.50	2.30	0.10	0.90	18.90	1.30	0.33	0.07	4.05	3.47	2.84	14.00
蔓青（宁夏）	15.30	2.20	0.10	1.40	10.40	1.20	0.03	0.03	2.63	2.30	1.88	14.00

（续表）

名称	干物质（%）	粗蛋白质（%）	粗脂肪（%）	粗纤维（%）	无氮浸出物（%）	粗灰分（%）	钙（%）	磷（%）	总能（兆焦/千克）	消化能（兆焦/千克）	代谢能（兆焦/千克）	可消化粗蛋白质（克/千克）
南瓜（内蒙古）	10.90	1.50	0.60	0.90	7.20	0.70	—	—	2.01	1.71	1.42	12.00
甜菜（内蒙古）	11.80	1.60	0.10	1.40	7.00	1.70	0.05	0.05	1.88	1.71	1.38	12.00
（五）干草类（包括牧草）												
羊草（黑龙江）	93.40	5.00	1.80	37.00	40.80	8.80	—	—	15.55	8.07	6.60	21.00
冰草	84.70	15.90	3.00	29.60	32.60	3.60	—	—	15.88	8.23	6.73	57.00
草木樨黄芪	85.00	28.80	6.80	22.00	22.50	4.90	2.56	0.05	17.35	10.37	8.49	181.00
狗尾草（内蒙古，青干草）	93.50	7.80	1.20	34.50	43.50	6.50	—	—	16.01	7.86	6.44	44.00
黑麦草（吉林）	87.80	17.00	4.90	20.40	34.30	11.20	0.39	0.24	14.09	10.87	8.90	105.00
混合牧草（内蒙古，秋季）	92.90	9.60	4.70	27.20	42.80	7.90	—	—	16.43	10.20	8.36	60.00
豌豆	91.50	16.30	2.70	35.60	30.00	6.90	—	—	16.47	9.78	8.03	117.00
菝葜草	88.70	19.70	5.00	28.50	27.60	7.90	0.51	0.61	15.01	9.86	8.11	132.00
碱草	90.10	13.40	2.60	31.50	37.40	5.20	0.34	0.43	16.34	8.65	7.06	48.00
芦苇	92.90	5.10	1.90	38.20	38.80	8.90	2.56	0.34	14.09	6.98	5.73	22.00

（续表）

名称	干物质（%）	粗蛋白质（%）	粗脂肪（%）	粗纤维（%）	无氮浸出物（%）	粗灰分（%）	钙（%）	磷（%）	总能（兆焦/千克）	消化能（兆焦/千克）	代谢能（兆焦/千克）	可消化粗蛋白质（克/千克）
马蔺	90.00	12.40	5.70	14.00	48.00	9.90	—	—	16.09	8.36	6.86	63.00
苜蓿干草（内蒙古，花期）	90.00	17.40	4.60	38.70	22.40	6.90	1.07	0.32	16.68	7.86	6.48	89.00
雀麦草（黑龙江）	94.30	5.70	2.20	34.10	46.10	6.20	—	—	16.30	8.49	6.94	16.00
沙打旺	92.40	15.70	2.50	25.80	41.10	7.30	0.36	0.18	16.47	10.45	8.57	118.00
沙蒿	88.50	15.90	6.90	26.00	31.10	8.60	3.05	0.48	16.51	9.45	7.73	91.00
苏丹草（黑龙江）	85.80	10.50	1.50	28.60	39.20	6.00	0.33	0.14	15.01	9.49	7.77	66.00
羊草	88.30	3.20	1.30	32.50	46.20	5.10	0.25	0.18	15.09	6.52	5.35	16.00
野干草（吉林）	90.60	8.90	2.00	33.70	39.40	6.60	0.54	0.09	15.76	8.32	6.56	53.00
野干草（新疆）	89.40	10.40	1.90	26.40	44.30	6.40	0.14	0.09	15.63	9.86	8.11	79.00
（六）农副产品类												
蚕豆秸（新疆）	92.30	14.20	2.40	23.20	33.50	19.00	2.17	0.48	14.30	7.57	6.19	67.00
大麦秸（宁夏）	95.20	5.80	1.80	33.80	43.40	10.40	0.13	0.02	15.63	7.73	6.35	10.00
高粱秸（辽宁）	95.20	3.70	1.20	33.90	48.00	8.40	—	—	15.72	7.69	6.31	14.00

（续表）

名称	干物质(%)	粗蛋白质(%)	粗脂肪(%)	粗纤维(%)	无氮浸出物(%)	粗灰分(%)	钙(%)	磷(%)	总能(兆焦/千克)	消化能(兆焦/千克)	代谢能(兆焦/千克)	可消化粗蛋白质(克/千克)
谷草	90.70	4.50	1.20	32.60	44.20	8.20	0.34	0.03	15.01	7.32	6.02	17.00
豌豆秕壳(内蒙古)	92.70	6.60	2.20	36.70	28.20	19.00	1.82	0.73	13.84	5.94	4.85	19.00
豌豆茎叶(新疆)	91.70	8.30	2.60	30.70	42.40	7.70	2.33	0.10	15.84	8.49	6.94	39.00
小麦秸(宁夏固原,春小麦)	91.60	2.80	1.20	40.90	41.50	5.20	0.26	0.03	15.59	5.73	4.68	8.00
小麦秕壳(内蒙古,打谷场副产品)	90.70	7.30	1.70	28.20	43.50	10.00	0.50	0.71	15.01	7.23	5.94	28.00
莜麦秕壳(内蒙古,打谷场副产品)	93.70	3.60	2.40	35.60	38.40	13.70	0.92	0.41	14.80	7.27	5.98	14.00
油菜秆(新疆)	94.40	3.00	1.30	55.30	31.00	3.80	0.55	0.03	16.69	6.94	5.68	2.00
玉米果穗包叶(吉林,双辽)	91.50	3.80	0.70	33.70	49.90	3.40	—	—	15.88	9.24	7.57	14.00
豆秸	91.25	8.03	1.03	—	—	6.20	0.61	0.08	16.35	9.49	7.78	43.06
干玉米秸	86.50	6.70	0.76	—	—	4.73	0.43	0.14	15.76	9.97	8.48	36.84
花生秧	90.37	12.28	0.44	—	—	12.32	2.19	0.15	16.26	10.36	8.43	71.82
花生壳	93.95	5.08	0.90	—	—	4.22	0.80	0.05	18.15	10.37	8.55	1.88

（续表）

名称	干物质(%)	粗蛋白质(%)	粗脂肪(%)	粗纤维(%)	无氮浸出物(%)	粗灰分(%)	钙(%)	磷(%)	总能(兆焦/千克)	消化能(兆焦/千克)	代谢能(兆焦/千克)	可消化粗蛋白质(克/千克)
高粱秸	94.29	4.90	1.40	—	—	7.14	0.53	0.18	17.69	6.50	5.38	1.72
（七）谷实类												
大麦（新疆）	91.10	12.60	2.40	4.10	69.40	26.00	—	0.30	16.85	14.55	11.91	100.00
高粱（17个省市，8个样品均值）	89.30	8.70	3.30	2.20	72.90	2.20	0.09	0.28	16.88	13.88	11.41	58.00
青稞（西宁）	87.00	9.90	2.50	2.80	89.50	2.30	—	0.42	16.05	13.96	11.45	78.00
荞麦（11个省市，14个样品均值）	87.10	9.90	2.30	11.50	60.70	2.70	0.09	0.30	15.93	11.12	9.11	71.00
粟（6个省市，13个样品均值）	91.90	9.70	2.60	7.40	67.10	5.10	0.09	0.26	16.43	11.66	9.57	70.00
小麦（15个省市，28个样品均值）	91.80	12.10	1.80	2.40	73.20	2.30	—	0.36	16.85	14.71	12.08	94.00
燕麦（11个省市，117个样品均值）	90.30	11.60	5.20	8.90	60.70	3.90	0.15	0.33	17.01	13.17	10.38	97.00
玉米（23个省市，120个样品均值）	88.40	8.60	3.50	2.00	72.90	1.40	0.04	0.21	16.55	15.38	12.63	65.00
大麦（皮）	87.00	11.00	1.70	—	—	2.40	0.09	0.33	—	14.73	12.12	7.18

（续表）

名称	干物质（%）	粗蛋白质（%）	粗脂肪（%）	粗纤维（%）	无氮浸出物（%）	粗灰分（%）	钙（%）	磷（%）	总能（兆焦/千克）	消化能（兆焦/千克）	代谢能（兆焦/千克）	可消化粗蛋白质（克/千克）
糙米	87.00	8.80	2.00	—	—	1.30	0.03	0.35	—	17.00	13.98	5.21
黑麦	88.00	9.50	1.50	—	—	1.80	0.05	0.30	—	15.55	12.80	5.84
（八）糠麸类												
大豆皮（内蒙古）	92.10	12.30	2.70	36.40	35.70	5.00	0.64	0.29	16.64	9.28	7.61	90.00
麸皮（新疆）	88.80	15.60	3.50	8.40	56.30	5.00	—	0.98	16.47	11.20	9.20	117.00
高粱糠（内蒙古）	91.90	7.60	6.90	22.60	45.00	9.80	—	—	16.39	8.53	6.98	33.00
黑麦麸	91.70	8.00	2.10	19.10	57.90	4.60	0.05	0.13	16.26	9.15	7.44	46.00
小麦麸（24个省市，115个样品均值）	88.60	14.40	3.70	9.20	56.20	5.10	0.18	0.78	16.39	11.08	9.07	108.00
玉米皮（内蒙古）	86.10	5.80	0.50	12.00	66.50	1.30	—	—	15.34	10.78	8.86	33.00
米糠	87.00	12.80	16.50	—	—	7.50	0.07	1.43	—	14.12	11.62	8.79
统糠	90.50	11.90	5.60	—	—	13.80	0.15	0.52	—	8.72	7.20	7.99
（九）豆类												
蚕豆（14个省市，23个样品均值）	88.00	24.90	1.40	7.50	50.90	3.30	0.15	0.40	16.72	15.50	11.91	217.00

（续表）

名称	干物质（%）	粗蛋白质（%）	粗脂肪（%）	粗纤维（%）	无氮浸出物（%）	粗灰分（%）	钙（%）	磷（%）	总能（兆焦/千克）	消化能（兆焦/千克）	代谢能（兆焦/千克）	可消化粗蛋白质（克/千克）
大豆（16 个省市，40 个样品均值）	88.00	37.0	16.20	5.10	25.10	4.60	0.27	0.48	20.48	17.60	14.46	333.00
黑豆（7 个省市，9 个样品均值）	90.00	37.70	13.80	6.60	27.40	4.50	0.25	0.50	20.36	17.36	14.13	339.00
豌豆（19 个省市，30 个样品均值）	88.00	22.60	1.50	5.90	55.10	2.90	0.13	0.39	16.68	14.50	11.91	194.00
（十）饼粕类												
菜籽饼（13 个省市，27 个机榨样品平均）	92.20	36.40	7.80	10.70	29.30	8.00	0.37	0.95	18.77	14.84	12.16	313.00
豆饼（13 个省市，42 个样品平均）	90.60	43.00	5.40	5.70	30.60	5.90	0.32	0.50	18.73	15.93	13.08	366.00
棉籽饼（13 个省市，27 个样品平均）	92.20	33.80	6.00	15.10	31.20	6.10	0.31	0.64	18.56	13.71	11.24	267.00
芝麻饼（10 个省市，13 个机榨样品平均）	92.00	39.20	10.30	7.20	24.90	10.40	2.24	1.19	19.02	14.67	12.04	357.00
玉米胚芽饼	90.00	16.70	9.60	—	—	6.60	0.04	0.50	—	13.36	11.00	12.28

（续表）

名称	干物质（%）	粗蛋白质（%）	粗脂肪（%）	粗纤维（%）	无氮浸出物（%）	粗灰分（%）	钙（%）	磷（%）	总能（兆焦/千克）	消化能（兆焦/千克）	代谢能（兆焦/千克）	可消化粗蛋白质（克/千克）
（十一）糟渣类												
豆腐渣（宁夏、银川）	15.00	4.60	1.50	3.30	5.00	0.60	0.08	0.05	3.14	2.55	2.06	40.00
粉渣	81.50	2.30	0.60	8.00	66.60	4.00	—	—	13.88	11.08	9.07	14.00
酒糟	45.10	5.80	4.10	15.80	14.90	4.50	0.14	0.26	5.77	2.51	2.05	35.00
甜菜渣（宁夏、银川）	10.40	1.00	0.10	2.30	6.70	0.30	0.05	0.01	1.84	1.42	1.17	6.00
梨渣	93.45	4.74	1.33	—	—	1.16	0.06	0.06	17.84	10.61	8.50	30.82
枣渣	89.01	9.46	2.50	—	—	1.56	0.72	0.12	23.43	13.81	11.74	57.14

第三节　羊的日粮配合

一、日粮配合的原则

　　羊的日粮，指一只羊一昼夜所采食的各种饲料的总量。羊的配合日粮是根据不同生理时期羊的营养需要和原料的营养价值，选择若干饲料原料按一定比例配合而成。按照饲养标准和饲料的营养价值配制出的完全满足羊在基础代谢和增重、繁殖、产奶、肥育等需要的全价日粮，在养羊生产中具有重大意义。随着养殖规模的不断扩大，配制营养全、成本低的日粮越来越成为许多养殖场实现高效养羊的基础条件，因而掌握日粮配合技术十分必要。具体配合时应掌握以下原则。

（一）符合饲养标准

　　羊的日粮配合应按不同羊、不同生长发育阶段的营养需要为依据，结合生产实际不断加以完善。配合日粮时，首先满足能量和蛋白质的需求，其他营养物质如钙、磷、微量元素、维生素等应添加富含这类营养物质的饲料，再加以调整。羊是群饲家畜，在实际生产中，对已放牧饲养的羊群，应在日粮中扣除放牧采食获得的营养数量，不足部分补给干草、青贮饲料和混合精饲料。此外，在高温季节或高温地区，羊采食量下降，为减轻热应激、降低日粮中的热增耗而保持净能不变，在调整日粮时，应减少粗饲料含量，保持较高浓度的能量、蛋白质和维生素，以平衡生理上的需要。

（二）饲料搭配合理

饲料要多种搭配，既提高适口性又能达到营养互补。能量饲料是决定日粮成本的主要因素，应以就地生产、就地取材为原则，一般先从粗饲料计算能满足日粮的能量浓度，不足再适当调整各种饲料比例，达到既能满足能量需要，又能降低饲料成本的最佳组合。羊是反刍家畜，能消化较多的粗纤维，在配合日粮时应根据这一生理特点，以青饲料、粗饲料为主，适当搭配精饲料，以达到营养全价或基本全价。日粮中蛋白质不足，首先考虑饼粕类高蛋白质饲料。对早期断奶肥育羔羊应适当降低粗饲料比例，提高精饲料比例。为了防治尿结石，在以谷类饲料和棉籽饼为主的日粮中，可将钙含量提高到0.5%的水平或加0.25%的氯化铵，避免日粮中钙磷比例失调。抗高温添加剂有维生素C、阿司匹林、氯化钾、碳酸氢钠、氯化铵、无机磷、瘤胃素、碘化酪蛋白等。在寒冷季节，为减轻冷应激，在日粮中应添加含热能较高的饲料。从经济上考虑，用粗饲料作热能饲料比精饲料价格低。

（三）注意原料质量

要选用优质干草、青贮饲料、多汁饲料，严禁饲喂有毒和霉烂的饲料。所用饲料要干净卫生，同时注意各类饲料的用量范围，防止含有害因子饲料的含量超标。

（四）因地制宜

要根据当地条件，选择营养丰富、价格便宜的饲料，充分利用当地资源，特别是廉价的农副产品，尽量降低饲料成本，提高羊生产的经济效益。

（五）日粮体积适当

日粮配合要从羊的体重、体况和饲料适口性及体积等方面考虑。日粮体积过大，羊吃不进去；体积过小，可能难以满足营养需要，即使能满足需要，也难免有饥饿感觉。饲料在满足一定体重阶段日增重的营养基础上，饲喂量可高出饲养标准1%~2%，但也不要过剩。饲料的采食量大致为每10千克体重0.3~0.5千克青干草或1~1.5千克青草。

（六）日粮相对稳定

应保证不断料，不轻易变更饲料。日粮突然变换，瘤胃中的微生物不能马上适应各种变化，会影响瘤胃发酵，降低各种营养物质的消化吸收，甚至会引起消化系统疾病。如需改变日粮组成，应逐渐改变，使瘤胃微生物有一个适应过程，过渡期一般为7~10天。

二、日粮配制的方法

羊的日粮是指一只羊在一昼夜内采食的各种饲料的数量总和，但在实际生产中并不是按一只羊一天所需来配合日粮，而是针对一群羊所需的各种饲料，按一定比例配成一批混合饲料进行饲喂。一般日粮中所用饲料种类越多，选用的营养指标越多，计算过程越复杂，有时甚至难以用手算完成日粮配制。在现代畜牧生产中，借助计算机，通过线性规划原理，可方便快捷地求出营养全价且成本低廉的最优日粮配方。

下面仅介绍常用的手算配方的基本方法。手算常用试差法，试差法就是先按日粮配合的原则，结合羊的饲养标准规定和饲料的营养价值，粗略地把所选用的饲料原料加以配合，计算各种营养成分，再与饲养标准相对照，对过剩的和不足的营养成分进行调整，最后达到符合饲养标准的要求。

具体步骤如下。

（一）确定营养需要量

查询羊的饲养标准，根据羊群的平均体重、生理状况等，查出各种营养需要量。可参照美国 NRC 标准或国内的饲养标准，并根据本地区具体情况进行适当调整。

（二）确定配方所选饲料的营养成分

查询羊常用饲料成分及营养价值，列出常用参数。对于要求精确的，可采用实测的原料营养成分含量值。

（三）确定各类粗饲料的喂量

根据当地粗饲料的来源、品质及价格，最大限度地选用粗饲料。如肥育羔羊的精粗比为 6：4，可以按照此比例计算粗饲料用量，其中青饲料和青贮饲料可按每 3 千克折合 1 千克青干草和干秸秆计算。

（四）确定混合精饲料的配方及数量

与饲养标准比较，计算剩余应由精饲料提供的养分量，每日的总营养需要与粗饲料所提供的养分之差，即需精饲料部分提供的养分量。对精饲料原料比例进行调整，直至达到饲养标准要求。

（五）确定日粮配方

在完成粗饲料、精饲料所提供养分及数量后，将所有饲料提供的各种养分进行汇总，调整矿物质（主要是钙和磷）和食盐含量。此时，若钙、磷含量没有达到羊的营养需要量，就需要用适宜的矿物质饲料进行调整。食盐另外添加。最后将所有饲料原料提供的养分之和，与饲养标准比较，调整到二者基本一致。如果实际提供量与其需要量相差在±5%范围内，说明配方合理。如果超出此范围，应适当调整个别精饲料的用量，以便充分满足各种养分需要而又不致造成浪费。

三、饲料配方设计示例

现举例说明羊日粮配合的设计方法。例如，现有一批 4 月龄、活重 30 千克早熟品种羔羊进行肥育，计划日增重 300 克，羊场现有花生秧、玉米和豆粕 3 种饲料，配制肥育日粮。日粮配制的步骤如下。

（一）确定营养需要量

参照 NRC（2007）30 千克体重、日增重为 300 克/天，早熟品种羔羊的营养需要量，查出羊每天的养分需要量，每天每只需干物质 1.25 千克，代谢能 14.92 兆焦，代谢蛋白质 104 克，钙 4.9 克，磷 4 克。

（二）确定所选饲料营养成分

从饲料营养成分表查找现有 3 种饲料的营养成分，列出常用参数（表 2-8）。

表 2-8　饲料营养成分

项目	干物质（%）	代谢能（兆焦/千克）	代谢蛋白质（%）	钙（%）	磷（%）
花生秧	92	7.45	3.93	0.99	0.23
玉米	88	13.38	6.30	0.02	0.30
豆粕	91	12.54	28.00	0.38	0.71

（三）根据日粮精粗比计算粗饲料采食量

一般羔羊的日粮精粗比为 7 : 3，则需粗饲料干物质为 1.25×0.3＝0.38（千克），由此计算出花生秧提供的养分量，见表 2-9。

表 2-9　粗饲料提供的养分量

粗饲料	干物质（千克）	代谢能（兆焦）	代谢蛋白质（克）	钙（克）	磷（克）
花生秧	0.38	2.83	14.93	3.57	0.53
与标准比较	-0.87	-12.09	-89.07	+1.33	-3.47

（四）选用精饲料

粗饲料提供的营养与营养需要标准比较相差的部分，由精饲料来满足。现有玉米和豆粕两种精饲料，调配二者的比例以补充其所缺少的代谢能和代谢蛋白质。根据经验，设玉米和豆粕的配比为 70% 和 30%。精饲料选用与配合见表 2-10。

表 2-10　精饲料选用与配合

精饲料	干物质（千克）	代谢能（兆焦）	代谢蛋白质（克）	钙（克）	磷（克）
玉米	0.61	8.16	38.43	0.12	1.83

（续表）

精饲料	干物质 （千克）	代谢能 （兆焦）	代谢蛋白质 （克）	钙 （克）	磷 （克）
豆粕	0.26	3.26	72.80	0.98	1.85
合计	0.87	11.42	111.23	1.11	3.68

（五）日粮试配

计算粗饲料和精饲料养分含量，与营养需要标准相比较。日粮试配结果见表2-11。

表2-11　日粮试配结果

饲料	干物质 （千克）	代谢能 （兆焦）	代谢蛋白质 （克）	钙 （克）	磷 （克）
粗饲料	0.38	2.83	14.93	3.57	0.53
精饲料	0.87	11.42	111.23	1.11	3.68
合计	1.25	14.25	126.16	4.68	4.21
与标准比较	0	-0.67	+22.16	-0.22	+0.21

（六）微调配方

由表2-11看出，上述饲料所组成的日粮，能满足肥育羔羊对代谢蛋白质和磷的需要，但是代谢能和钙较低，由于代谢蛋白质超出较多，可以减少精饲料中豆粕比例，增加玉米和花生秧比例。经调整后的日粮能满足肥育羔羊对代谢能、代谢蛋白质、钙和磷的需要，调整后的结果见表2-12和表2-13。

表 2-12　精饲料调整配比

精饲料	干物质（千克）	代谢能（兆焦）	代谢蛋白质（克）	钙（克）	磷（克）
玉米	0.70	9.37	44.10	0.14	2.10
豆粕	0.22	2.76	61.60	0.84	1.56
合计	0.92	12.13	105.70	0.98	3.66

表 2-13　日粮调整结果

饲料	干物质（千克）	代谢能（兆焦）	代谢蛋白质（克）	钙（克）	磷（克）
粗饲料	0.42	3.13	16.51	3.95	0.59
精饲料	0.92	12.13	105.70	0.98	3.66
合计	1.34	15.26	122.21	4.93	4.25
与标准比较	+0.09	+0.34	+18.21	+0.03	+0.25

（七）总结

活重 30 千克、日增重 300 克的肥育羔羊日粮组成见表 2-14。由于之前是采用干物质进行配制，而在实际饲喂时应将各种饲料的干物质喂量换算成饲喂状态时的风干物质喂量（干物质喂量/干物质含量）。为进一步提高肥育的效果，根据当地的实际情况，有针对性地另外添加一些矿物质微量元素、维生素和生长剂即可。

表 2-14　肥育羔羊的日粮组成

饲料	花生秧	玉米	豆粕
干物质喂量（千克）	0.42	0.70	0.22
风干物质喂量（千克）	0.46	0.80	0.24

第三章　羊的饲养管理

第一节　羊的生物学特性

一、生活习性

（一）合群性强

羊的群居行为很强，很容易建立起群体结构，主要通过视觉、听觉、嗅觉、触觉等来传递和接受各种信息，以保持和调整群体成员之间的活动，头羊和群体内的优胜序列有助于维系这种群居活动。在羊群中，通常是原来熟悉的羊只形成小群体，小群体再组成大群体。在自然群体中，羊群的头羊多是由年龄较大、体格健壮、子孙较多的公羊担任，也可利用山羊行动敏捷、易于训练及记忆力好的特点选用头羊。应注意，经常掉队的羊，往往因为疾病或者老弱体力不支跟不上群。

一般来讲，绵羊的合群性好于山羊；粗毛羊好于细毛羊和肉用羊；中国本地羊好于国外引入的羊；夏季、秋季牧草丰盛时，羊只的合群性好于冬季、春季。利用合群性，在羊群出圈、入圈、过河、过桥、饮水、换草场、运羊等运动时，只要有头羊先行，其他羊只随即跟随头羊前进并发出保持联系的叫声，为生产中的大群放牧管理提供了方便。但由于群居行为强，羊群间距离近时，也容易混群，故在管理上应加以注意。

(二) 食物谱广

羊的颜面细长，嘴尖，唇薄齿利，上唇中央有一中央纵沟，运动灵活，下腭门齿向外有一定的倾斜度，故对采食地面低草、小草、花蕾和灌木枝叶很有利，对草籽的咀嚼也很充分，素有"清道夫"之称。因为羊只善于啃食很短的牧草，故可以进行牛羊混合放牧，或在不能放牧马、牛的短草牧场放牧羊。据试验，在半荒漠草场上，66%的植物种类不能为牛所利用，而绵羊、山羊则为38%。在对600多种植物的采食试验中，山羊能食用的占88%，绵羊占80%，而牛、马、猪则分别为73%、64%和46%，说明羊的食物谱较广。

绵羊和山羊的采食特点有明显不同：山羊后肢能站立，有助于采食高处的灌木或乔木的嫩幼枝叶，而绵羊只能采食地面上或低处的杂草与枝叶；绵羊与山羊合群放牧时，山羊总是走在前面抢食，而绵羊则慢慢跟随其后低头啃食；与细毛羊比较，粗毛羊爱吃"走草"，即爱挑草尖和草叶，边走边吃，移动较勤，游走较快，能扒雪吃草，对当地毒草有较高的识别能力；而细毛羊及其杂种，则吃的是"盘草"（站立吃草），游走较慢，常落在后面，扒雪吃草和识别毒草的能力也较差。

(三) 喜干厌湿

"羊性喜干厌湿，最忌湿热湿寒，利居高燥之地"，说明养羊的场地、圈舍和休息场，都以高燥为宜。一般久居泥泞潮湿之地，则羊只易患寄生虫病和腐蹄病，毛用羊或肉毛兼用羊甚至毛质降低，脱毛加重。不同的绵羊、山羊品种对气候的适应性不同，如细毛羊喜欢温暖、干旱、半干旱的气候，而肉用羊和肉毛兼用羊则喜欢温暖、湿润、全年温差较小的气候，但长毛肉用种的罗姆尼羊，较能耐湿热气候和适应沼泽地区，对腐蹄病有较强的抵抗力。

（四）嗅觉灵敏

羊的嗅觉比视觉和听觉灵敏，这与其发达的腺体有关。其主要表现为以下几个方面。

1. 靠嗅觉识别羔羊

羔羊出生后与母羊接触几分钟，母羊就能通过嗅觉鉴别出自己的羔羊。羔羊吮乳时，母羊总要先嗅一嗅其臀尾部，以辨别是不是自己的羔羊，利用这一点可在生产中寄养羔羊，即在被寄养的孤羔和多胎羔身上涂抹保姆羊的奶汁或尿液，寄养容易成功。

2. 靠嗅觉辨别植物种类或枝叶

羊在采食时，能依据植物的气味和外部特征，细致地区别出各种植物或同一植物的不同品种（系），识别可食草类，选择含蛋白质多、粗纤维少、没有异味的牧草采食。

3. 靠嗅觉辨别饮水的清洁度

羊喜欢饮用清洁的流水、泉水或井水，而对污水、脏水等拒绝饮用。

（五）爱清洁

羊具有爱清洁的习性。羊喜食干净的饲料，饮清凉卫生的水。草料、饮水一经污染或有异味，羊即不愿采食、饮用。因此，在舍内饲养时，应少喂勤添，以免造成草料浪费。平时要加强饲养管理，注意饲草、饲料的清洁卫生，饲槽要勤扫，饮水要勤换。

（六）善于游走

游走有助于增加放牧羊只的采食空间，特别是牧区的羊终年以放牧为主，需长途跋涉才能吃饱喝好，故常常一日往返里程达到 6~10 千米。山羊具有平衡步伐的良好机制，喜登高，善跳跃，采食范围可达崇山峻岭、悬崖峭壁，如山羊可直上直下 60° 的陡坡，而绵羊攀登能力较差。

不同品种的羊在不同牧场、不同牧草状况条件下，其游走能力有很大区别。在接近配种季节、牧草质量差时，羊只的游走距离加大，游走距离常伴随放牧时间而增加。

（七）性情特点

山羊机警灵敏，活泼好动，记忆力强，易于训练成特殊用途的羊；而绵羊则性情温驯，胆小易惊，反应迟钝，易受惊吓而出现"炸群"。当遇兽害时，山羊能主动大呼求救，并且有一定的抗御能力；而绵羊无自卫能力，四散逃避，不会联合抵抗。山羊喜角斗，角斗形式有正向互相顶撞和跳起斜向相撞两种；绵羊则只有正向相撞一种。因此，有"精山羊，疲绵羊"之说。

（八）适应能力

适应性是由许多性状构成的复合性状，主要包括耐粗、耐渴、耐热、耐寒、抗病、抗灾度荒等方面的表现。这些能力的强弱，不仅直接关系到羊生产力的发挥，同时也决定各品种的发展命运。例如，在干旱贫瘠的山区、荒漠地区和一些高温高湿地区，绵羊往往难以生存，山羊则能很好地适应。

1. 耐粗性

在极端恶劣条件下，羊具有令人难以置信的生存能力，能依靠粗劣的秸秆、树叶生存。与绵羊相比，山羊更耐粗，除能采食各种杂草外，还能啃食一定数量的草根树皮，比绵羊对粗纤维的消化率高出 3.7%。

2. 耐渴性

羊的耐渴性较强，尤其是当夏、秋季缺水时，能在黎明时分，沿牧场快速移动，用唇和舌接触牧草，以便更多搜集叶上凝结的露珠。在野葱、野韭菜、野百合、大叶棘豆等牧草分布较多的牧场放牧，可几天乃至十几天不饮水。但两者比较，以山羊更耐渴，山羊每千克体重代谢需水 188 毫升，绵羊则需水 197 毫升。

3. 耐热性

绵羊的汗腺不发达，蒸发散热主要靠喘气，其耐热性较山羊差。当夏季中午炎热时，常有停食、喘气和"扎窝子"等表现。而山羊在气温达 37.8℃时仍能继续采食。与细毛羊比较，粗毛羊较更能耐热，只有当中午气温高于 26℃时才开始"扎窝子"，而细毛羊则在 22℃左右即有此种表现。

4. 耐寒性

绵羊由于有厚密的被毛和较多的皮下脂肪，以减少体热散发，故其耐寒性高于山羊。细毛羊及其杂种的被毛虽厚，但皮板较薄，故其耐寒能力不如粗毛羊。长毛肉用羊原产于英国的温暖地区，皮薄毛稀，引入气候严寒之地，为了增强抗寒能力，皮肤常会增厚，被毛有变密变短的倾向。

5. 抗病力

放牧条件下的各种羊，只要能吃饱饮足，一般全年发病较少，在夏季、秋季膘肥时期，更是体壮少病。膘好时，对疾病的耐受能力较强，一般不表现症状，有的临死还勉强吃草跟群。要做到疾病早治，必须细致观察，才能及时发现。山羊的抗病能力强于绵羊，内寄生虫感染和腐蹄病的也较少。粗毛羊的抗病能力比细毛羊及其杂种强。

二、消化生理特点

羊的消化特点是胃肠容积大，食物在消化道内停留时间长，消化液分泌量多，消化能力强，全消化道内的消化液每昼夜总分泌量为 18~23 升，饲料在消化道贮存的时间长达 7~8 天，有利于饲料营养成分的消化吸收。

（一）消化器官特点

1. 复胃消化

羊属于反刍动物，具有复胃，分 4 个室，即瘤胃、网胃、瓣胃和皱胃。前三个胃没有腺体组织，不能分泌酸和消化酶类，对饲料起发酵和机械性消化作用，称为前胃。皱胃胃壁黏膜有腺体，具有分泌盐酸和胃蛋白酶的作用，可对食物进行化学性消化，故又称真胃。粗饲料粗纤维含量较高，不易消化，必须依靠 4 个胃的分工与合作，才能完成食物的第二次"咀嚼"。

成年绵羊复胃总容积近 30 升，相当于整个消化道容积的 66.9%，瘤胃最大，皱胃次之，网胃较小，瓣胃最小（表3-1）。山羊复胃容积相对较小，为 16 升左右。羊胃的大小和功能，随年龄的增长发生变化。初生羔羊的前三胃很小，结构还不完善，微生物区系尚未健全，不能消化粗纤维，初生羔羊只能靠母乳生活。此时母乳不接触前三胃的胃壁，靠食道沟的闭锁作用，直接进入皱胃，由皱胃凝乳酶进行消化。随着日龄的增长，消化系统特别是前三胃不断发育完善，一般羔羊生后 10~14 天开始补饲一些容易消化的精饲料和优质牧草，以促进瘤胃发育；到一个半月时，瘤胃和网胃占全胃的比例已达到成年程度，如不及时采食植物性饲料，则瘤胃发育缓慢。只有采食植物性饲料后，瘤胃的生长发育加速，并且逐步建立起完善的微生物区系。采食的植物性饲料为微生物的繁殖、生长创造了营养条件，反过来微生物区系又增强了对植物饲料的消化利用。瘤胃的发育、植物性饲料的利用，以及瘤胃微生物的活动，三者相辅相成。

表3-1 羊胃容积

羊别	总容积	瘤胃	网胃	瓣胃	皱胃
绵羊	30 升	78.7%	8.6%	1.7%	11.0%
山羊	16 升	86.7%	3.5%	1.2%	8.6%

（1）瘤胃。前胃中起主要作用的是瘤胃，瘤胃不仅能容纳大量的粗饲料和青草，作为临时的"贮存库"，而且瘤胃内有大量的微生物活动，可以消化分解食物。主要微生物有细菌、纤毛虫和真菌。细菌和纤毛虫的多少与饲喂类型和采食

量有关，在饲养上提供的养分多，微生物的繁殖加快，活动加强，能提高对饲料的分解能力；如增喂淀粉及蛋白质丰富的饲料，瘤胃内微生物显著增多，可以提高对粗饲料的利用率。粗饲料的质量很差时，瘤胃微生物区系的数量减少，对饲料的分解能力也减弱。

（2）网胃。紧贴瘤胃，食物颗粒可以在两个胃室间自由来回穿梭。网胃像一个筛子，将铁钉等异物困于其中，既起到过滤作用，又防止异物对其他肠道内表面的损伤。此外，还具有一个特别重要的作用——启动反刍行为。网胃表面黏膜上有传感器，当草进入网胃就会刺激产生信号，并通过瘤网胃胃壁上的肌肉发生收缩从而启动反刍行为。

（3）瓣胃。瓣胃黏膜向内凹陷形成许多大小不等的新月状瓣叶，像一台水泵或者一个加工厂，把来自瘤胃的食糜去掉水分和电解质后，进一步磨细、浓缩，之后推送入皱胃，对食物起机械压榨作用。

（4）皱胃。皱胃黏膜可分泌大量的胃液，包括各种消化酶以及大量的黏液，对前三胃消化过的食物进行彻底的化学性消化。

2. 肠道长

（1）小肠。小肠是羊消化和吸收的重要器官，长度为17～34米（平均约25米），是体长的25～30倍，有利于饲料营养成分的吸收。肠黏膜中分布有大量的腺体，可以分泌蛋白酶、脂肪酶和淀粉酶等消化酶类。胃内容物进入小肠后，在各种酶的作用下进行消化，分解为一些简单的营养物质经绒毛膜吸收，尚未完全消化的食物残渣与大量水分一起随小肠蠕动而被推进大肠。

（2）大肠。大肠长度为 4~13 米（平均约 7 米），无分泌消化液的功能，其作用主要是吸收水分和形成粪便。小肠内未完全消化的食物残渣，可在大肠内微生物及食糜中酶的作用下继续消化和吸收。吸收水分后的残渣形成粪便，排出体外。

羊消化器官功能如表 3-2 所示。

表 3-2　羊消化器官功能

消化器官	功能
瘤胃	细菌发酵饲料的主要场所，物理、生物消化
网胃	过滤和启动反刍行为
瓣胃	机械压榨、吸收少量营养
皱胃	化学消化
小肠	化学消化，营养吸收的主要场所
大肠	吸收水分和形成粪便

3. 羔羊消化器官特点

（1）对初生羔羊起消化作用的主要是第四胃，前三胃的作用很小，此时瘤胃微生物的区系尚未形成，没有消化粗纤维的能力，不能采食和利用草料，只能依靠母乳来满足营养需要。羔羊所吮母乳顺食道沟进入皱胃，由皱胃所分泌的凝乳酶进行消化。

（2）随日龄增长和采食植物性饲料的增加，羔羊前三胃的体积逐渐增加，约在 30 日龄开始出现反刍活动；此后皱胃凝乳酶的分泌逐渐减少，其他消化酶分泌逐渐增多，对草料的消化分解能力开始加强，瘤胃的发育及其功能才逐渐完善。

（二）消化生理特点

1. 反刍

反刍是指草食动物在食物消化前把食团经瘤胃逆呕到口中，经过再咀嚼和再咽下的活动。反刍是羊的正常消化生理功能。其机制是饲草刺激网胃、瘤胃前庭和食管沟的黏膜，反射性引起逆呕。反刍多发生在吃草之后，稍有休息，一般在30~60分钟后便开始反刍，反刍中也可随时转入吃草。反刍时，羊先将食团逆呕到口腔内，与唾液充分混合后再咽入腹中，有利于瘤胃微生物的活动和粗饲料的分解。

羊反刍姿势多为侧卧式，少数为站立。白天或夜间都有反刍，每日反刍时间约为8小时，一般白天7~9次，夜间11~13次，每次50~70分钟，午夜到中午期间反刍的再咀嚼速率较慢。反刍次数及持续时间与草料种类、品质、调制方法及羊的体况有关。采食牧草粗纤维含量高，反刍时间延长，相反则时间缩短。牧草含水量大，时间短。干草粉碎后的反刍活动快于长干草。同量饲料多次分批喂给时，反刍时逆呕食团的速率快于一次全量喂给。

当羊过度疲劳、患病或受到外界的强烈刺激时，会造成反刍紊乱或停止，引起瘤胃臌气，对羊的健康不利。当病羊表现出食欲废绝、反刍停止时，羊的病情已十分严重，往往预后不良。反刍停止的时间过长，瘤胃内食进的饲料滞塞引起局部炎症，常使反刍难以恢复。疾病、突发性声响、饥饿、恐惧、外伤等均能影响反刍行为。羔羊在哺乳期，早期补饲容易消化的植物性饲料，可促进前胃的发育和提前出现反刍行为。母羊发情、妊娠最后阶段和产后舔羔时，反刍活动减弱或暂停。为保证羊正常的反刍行为，必须提供安静的环境。

2. 瘤胃微生物作用

瘤胃是反刍动物所特有的消化器官，是食物的贮存库，除机械作用外，瘤胃内有广泛的微生物区系活动。瘤胃不能分泌消化液，其消化功能主要是通过瘤胃微生物实现的，其中起主导作用的是细菌，主要为厌气性细菌，有纤维分解菌、淀粉分解菌、蛋白质分解菌、维生素合成菌、甲烷产气菌、产氨菌、脂肪分解菌等；原虫主要为纤毛虫和鞭毛虫；真菌是厌气性真菌。据测定，每毫升瘤胃液中含有 160 亿~400 亿个细菌、20 万个纤毛虫以及大量真菌。

瘤胃微生物的类别和数量随饲料的不同而异，不同饲料所含成分不同，需要不同种类的微生物才能分解消化，改变日粮时，微生物区系也发生变化。所以变换饲料要逐渐进行，使微生物能够适应新的饲料组合，保证正常消化。突然变换饲料往往会发生消化道疾病。瘤胃内的微生物，对羊食入草料的消化和营养，具有重要意义。

（1）消化碳水化合物。瘤胃是消化碳水化合物，尤其是粗纤维的重要器官，消化粗纤维能力极强。羊采食饲料中 55%~95%的可溶性碳水化合物、70%~95%的粗纤维是在瘤胃中被消化的。

反刍家畜之所以区别于单胃动物，能够以含粗纤维较高、质量较差的饲草维持生命并进行生产，就是因为具有瘤胃微生物。在瘤胃的机械作用和微生物酶的综合作用下，碳水化合物（包括结构性和非结构性碳水化合物）被发酵分解，最终产生挥发性脂肪酸——乙酸、丙酸、丁酸和少量的戊酸，同时释放能量，部分能量以三磷酸腺苷的形式供微生物活动。这些挥发性脂肪酸大部分被瘤胃壁吸收，随血液循环进入肝脏，合成糖原，提供能量供羊利用；部分可与氨气在微生物酶的作用下合成氨基酸。此外，挥发性脂肪酸还具有调节瘤胃正常 pH 值的作用。

（2）合成微生物蛋白。瘤胃可同时利用植物性蛋白质和非蛋白氮合成微生物蛋白质，改善日粮品质。日粮中的含氮物质进入瘤胃后，大部分经过瘤胃微生物的分解，瘤胃微生物分泌的酶能将饲料中的植物性蛋白质水解为肽、氨基酸和氨，也可将饲料中的非蛋白含氮化合物（如尿素等）水解为氨，在瘤胃内能源供应充足和具有一定数量蛋白质的条件下，瘤胃微生物可将其合成微生物蛋白质。随食糜进入皱胃和小肠的微生物，可被消化道内的消化酶分解，成为羊的重要蛋白质来源。通过瘤胃微生物的作用，能把低品质的植物性蛋白质转化为高质量的菌体蛋白质，日粮的必需氨基酸含量可提高 5~10 倍。饲料中总氮含量、蛋白质含量以及可发酵能的浓度是影响瘤胃微生物蛋白质合成量的主要因素。另外一些微量元素锌、铜、钼等，也对瘤胃微生物合成菌体蛋白质具有一定的影响。

（3）氢化不饱和脂肪酸。瘤胃微生物可将饲料中的脂肪酸分解为不饱和脂肪酸，并将其氢化形成饱和脂肪酸。羊采食牧草所含脂肪大部分是不饱和脂肪酸，而羊体内脂肪大部分为饱和脂肪酸，且相当数量是反式异构体和支链脂肪酸。现已证明，瘤胃是不饱和脂肪酸氢化形成饱和脂肪酸，并将顺式结构的饲料脂肪酸转化为反式结构的羊体脂肪酸的主要部位。同时，瘤胃微生物亦能合成脂肪酸。

（4）合成维生素。瘤胃微生物可以合成 B 族维生素，维生素 B_1、维生素 B_2、维生素 B_6、维生素 B_{12}、泛酸、烟酸和维生素 K 是瘤胃微生物的代谢产物，能被小肠等部位吸收利用，满足羊对这些维生素的需要。饲料中氮、碳水化合物和钴的含量是影响瘤胃微生物合成 B 族维生素的主要因素。饲料中氮含量高，则 B 族维生素合成量多，但氮来源的不同，B 族维生素的合成情况亦不同。如以尿素作为补充氮源，硫胺素和维生素 B_{12} 的合成量不变，但核黄素的合成量增加。碳水化合物中淀粉的比例增加，可提高 B 族维生素的合成量。补饲钴，可增加维生素 B_1 的合成量。瘤胃微生物还可以合成维生素 K。研究表明，瘤胃微生物可合成甲萘醌–10、甲萘醌–11、甲萘醌–12 和甲萘醌–13，它们都是维生素 K 的同类物。一般情况下，瘤胃微生物合成的 B 族维生素和维生素 K 足以满足各种生理状况下的需要，不需额外添加。成年羊一般不会缺乏这些维生素。在放牧条件下，羊也很少发生维生素 A、维生素 D、维生素 E 的缺乏。

（三）饲草饲料利用特点

1. 羊的饲料转化率低

瘤胃微生物发酵产生甲烷和氢，其所含的能量被浪费，微生物的生长繁殖也要消耗一部分能量，所以，羊的饲料转化效率一般低于单胃家畜。

2. 瘤胃内的微生物可以分解粗纤维

羊可利用粗饲料作为主要的能量来源。成年羊的 4 个胃都已发育完整，所以成年羊可以有效地利用各种粗饲料，且羊的饲粮组成中也不能缺乏粗饲料。粗纤维可以起到促进反刍、胃肠蠕动和填充作用，羊的日粮中必须有一定比例的粗纤维，否则瘤胃中会出现乳酸发酵抑制纤维、淀粉分解菌的活动，表现为食欲丧失、前胃弛缓、腹泻、生产性能下降，严重时可能造成死亡。

3. 可以利用尿素、铵盐等非蛋白氮作为饲料蛋白质来源

虽然瘤胃微生物可利用非蛋白氮合成微生物蛋白质，但是瘤胃微生物有优先利用蛋白氮的特点，所以只有当饲料中蛋白质不能满足需要时，日粮中才添加非蛋白氮作为补充饲料代替部分植物性蛋白质。一般非蛋白氮用量不宜超过蛋白质需要量的30%。

4. 配制饲粮时一般不考虑添加必需氨基酸、B族维生素和维生素K

由于瘤胃微生物具有合成B族维生素和维生素K的能力，因此在羊的日粮配制中，一般不需要考虑添加这些维生素。由于瘤胃微生物可将饲料蛋白质和非蛋白氮合成为菌体蛋白质，菌体蛋白质富含必需氨基酸，所以饲粮中一般不需要考虑添加必需氨基酸。但是对于早期断奶羔羊，瘤胃微生物功能尚未完善，配制日粮时应酌情考虑。

5. 必须供给其富含蛋白质、能量的饲料

瘤胃消化为反刍家畜提供重要的营养来源，所以必须满足瘤胃微生物生长繁殖的营养需要和维持瘤胃正常的环境，才能发挥羊的生产潜力。

6. 饲料营养物质的瘤胃降解造成营养浪费

瘤胃微生物的发酵，将一些高品质的饲料，如高品质的

蛋白质饲料、脂肪酸等，分解为挥发性脂肪酸和氨等，造成营养上的浪费。因此，一方面应利用大量廉价饲草、饲料以保证瘤胃微生物最大生长繁殖的营养需要；另一方面，应用过瘤胃保护技术，躲过瘤胃发酵而直接到皱胃和小肠消化吸收，是提高高品质饲料利用率极为有效的方法。

三、生长发育特点

（一）羔羊的生长发育

羔羊在哺乳期和断奶前后的生长发育有很多明显的特点，充分了解这些特点，可以做到科学饲养管理。

1. 生长发育特点

羔羊出生后 2 天内体重变化不大，此后的 1 个月内，生长速度较快。从出生到 2 月龄断奶的哺乳期内，羔羊生长发育迅速，所需要的营养物质相应较多，特别是优质量多的蛋白质。肉用品种羔羊日增重在 300 克以上。

2. 适应能力

哺乳期羔羊的调节功能尚不健全，如出生 1~2 周内羔羊调节体温的功能发育不完善，神经反射迟钝，皮肤保护功能差，特别是消化道容易受到细菌侵袭而发生消化道疾病。羔羊在哺乳期可塑性强，外界条件的影响能引起机体相应的变化，这对羔羊的定向培育具有重要的意义。

（二）不同年龄阶段羊生长发育特点

一般按照羊的年龄阶段划分为哺乳期、幼年期、青年期、成年期。

1. 哺乳期

哺乳期体重占成年羊体重的 27.1% 左右，这是羊一生中生长发育的重要阶段，也是定向培育的关键时期。此阶段增重的顺序是内脏→肌肉→骨骼→脂肪，在整个哺乳期，体重随年龄而迅速增长。羔羊断奶时的体重及饲喂方法对其以后的生长发育也有很大影响。

2. 幼年期

一般指羊从断奶到配种阶段，具体时期为 2~12 月龄。幼年期体重占成年期体重的 72% 左右。此阶段由于性发育已经成熟，发情会影响食欲和增重，所以相对增重仅占 44% 左右。其增重的顺序是生殖系统→内脏→肌肉→骨骼→脂肪。

3. 青年期

一般指 12~24 月龄的羊。青年羊体重占成年体重的 84% 左右，在这个时期，羊的生长发育接近于生理成熟，体形基本定型，生殖器官发育成熟，绝对增重达最高峰，即这时出现生长发育的"拐点"，以后则增重不大，其相应增重的次序是肌肉→脂肪→骨骼→生殖器官→内脏。若在这一阶段，母羊配种后妊娠，则随着妊娠时间和怀羔数的变化，母羊体重还会有大的增加，一般而言，怀羔数越多，体重增加越大。

4. 成年期

一般指 24 月龄以后。在此阶段的前期，体重还会有缓慢地上升，48 月龄以后则有下降。产奶较少或空怀的羊脂肪沉积较少，而其他组织器官则呈现负增长现象。

（三）　不同组织的生长发育特点

在生长期内，肌肉、骨骼和脂肪这3种主要组织的比例有相对大的变化。肌肉生长强度与不同部位的功能有关。腿部肌肉的成长强度大于其他部位的肌肉；胃部肌肉在羔羊采食后才有较快的生长速度；头部、颈部肌肉比背腰部肌肉生长要早。总体来看，羔羊体重达到出生重4倍时，主要肌肉的生长过程已超过30%，断奶时羔羊各部位的肌肉体重分布也接近于成年羊，所不同的只是绝对量小，肌肉占躯体重的比例约为30%。在羔羊生长时期，肌肉生长速度最快，大胴体的肉比小胴体的要高。

脂肪分布于机体的不同部位，包括皮下、肌肉内、肌肉间和脏器脂肪等。皮下脂肪紧贴皮肤、覆盖胴体，含水少而不利于细菌生长，起到保护和防止水分散失的作用。肌肉间脂肪分布在肌纤维束层之间，占肉重的10%~15%。肌肉内脂肪一般分布在血管和神经周围，起到保护和缓冲作用。脏器脂肪分布在肾、乳房等脏器周围。脂肪沉积的顺序大致为出生后先形成肾、肠脂肪，而后生成肌肉脂肪，最后生成皮下脂肪。一般来说，肉用品种的脂肪生成于肌肉之间，皮下脂肪生成于腰部。肥臀羊的脂肪主要集聚在臀部。瘦尾粗毛羊的脂肪以胃肠脂肪为主。在羔羊阶段，脂肪重量的增长呈平稳上升趋势，但胴体重超过10千克时，脂肪沉积速度明显加快。

骨骼是个体发育最早的部分。羔羊出生时，骨骼系统的性状及比例大小基本与成年羊相似，出生后的生长只是长度和宽度上的增加。头骨发育较早，肋骨发育相对较晚。骨重占活重的比例，出生时为 17%~18%、10 月龄时为 5%~6%。骨骼重量基础在出生前已经形成，出生后的增长率小于肌肉。

第二节　各类羊的饲养管理特点

一、种公羊

种公羊对改良羊群和提高品质有重要作用，在饲养管理上要求比较精细。种公羊的饲养要求以常年保持中上等膘情，健壮、活泼、精力充沛，性欲旺盛为原则，过肥、过瘦都不利于配种。种公羊所喂饲料要求富含蛋白质、维生素和无机盐，且易消化、适口性好。理想的粗饲料有苜蓿干草、三叶草干草和青莜麦干草等。优质的精饲料有燕麦、大麦、玉米、高粱、豌豆、黑豆、豆饼。小米虽能改善性腺活动，提高精液品质，但不宜多喂，喂量过多易使羊肥胖，用量只能占精饲料量的 50% 以下。优质的多汁饲料有胡萝卜、玉米青贮、甜菜等。为保证和提高种公羊的种用价值，对种公羊按配种期和非配种期 2 个阶段，给予不同的饲养水平。

（一）配种期的饲养

配种期包括配种预备期（1~1.5 个月）、配种期及配种复壮期（1~1.5 个月）。配种预备期应按配种期喂量的 60%~70% 给予，从每天补给混合精饲料 0.5~0.6 千克开始，逐渐增加到配种期的饲养水平。同时，进行采精训练和精液品质检查。开始时每周采精检查 1 次，以后增至每周 2 次，并根据种公羊的体况和精液品质来调节日粮或增加运动。对精液稀薄的种公羊，应增加日粮中蛋白质的含量；当精子活力差时，应加强种公羊的放牧和运动。

种公羊在配种期内要消耗大量的养分和体力，因配种任务或采精次数不同，个体之间对营养的需要量相差很大。在我国农区大部分地区，羊的繁殖季节有的可表现为春、秋两季，有的可全年发情配种。因此，对种公羊全年均衡饲养尤为重要。配种期每生产1毫升精液，需可消化粗蛋白质50克。此外，激素和各种腺体的分泌物以及生殖器官的组成也离不开蛋白质，同时维生素A和维生素E与精子的活力和精液品质有关。只有保证种公羊充足的营养供应，才能使其性欲旺盛，精子密度大、活力强，母羊受胎率高。放牧种公羊（体重80~90千克）在配种期内，每天需要2千克以上的饲草料（干物质），250克以上的可消化蛋白质，并且根据日采精次数的多少，相应调整常规饲料和其他所需饲料（如牛奶、鸡蛋）的数量。对舍饲的种公羊每天应喂给混合精饲料1.2~1.5千克，青干草1~2千克，青贮饲料1.5千克，食盐15~20克，并注意矿物质和维生素的补充。随着配种任务的增加还要另加鸡蛋3~4个，牛奶0.5~1千克。配种前后30分钟不饮冷水。

种公羊的采精次数要根据羊的年龄、体况和种用价值来确定。在配种预备期采精10~15次，检验精液品质，以确定其利用强度。对1.5岁左右的种公羊每天采精1~2次为宜；2岁半以上的种公羊每天可采精3~4次，有时可达5~6次，每次采精应有1~2小时的间隔时间。特殊情况下（种公羊少而发情母羊多），成年公羊可连续采精 2~3 次。采精较频繁时，也应保证种公羊每周有 1~2 天的休息时间，以免因过度消耗养分和体力而造成体况明显下降。

种公羊的日常管理应由专人负责，力争保持常年相对稳定。对于放牧的种公羊应单独组群放牧和补饲，避免公羊、母羊混养。配种期的公羊应远离母羊舍，并单独饲养，以减少发情母羊和公羊之间的相互干扰。育成公羊与成年公羊也要分开饲养，以免互相爬跨，影响发育。种公羊舍宜宽敞明亮，保持清洁、干燥，定期消毒。对种公羊应定期检疫和预防接种及驱虫药浴，认真做好各种疾病的防治工作，确保种公羊有一个健康的体质。

（二）非配种期的饲养

种公羊在非配种期的饲养以恢复和保持其良好的种用体况为目的。配种结束后，种公羊的体况都有不同程度的下降。为使体况尽快恢复，在配种刚结束的 1~2 个月内，种公羊的日粮应与配种期基本一致，但对日粮的组成可做适当调整，加大优质青干草或青绿多汁饲料的比例，并根据体况的恢复情况，逐渐转为饲喂非配种期日粮。在冬季，种公羊的饲养要保持较高的营养水平，既有利于体况恢复，又能保证其安全越冬度春。对舍饲种公羊，在早春和冬季没有配种任务时，体重 80~90 千克的种公羊，每天需 1.5 千克左右的饲草料，150 克左右的可消化蛋白质。每日每只喂给混合精饲料 0.5~0.6 千克，优质干草 2~2.5 千克，多汁饲料 1~1.5 千克，食盐 5~10 克。

二、繁殖母羊

对繁殖母羊，要求常年保持良好的饲养管理条件，以完成配种、妊娠、哺乳和提高生产性能等任务。繁殖母羊的饲养管理，可分为空怀期、妊娠期和哺乳期3个阶段。

（一）空怀期的饲养管理

空怀期的主要任务是恢复体况。由于各地产羔季节安排的不同，母羊的空怀期长短各异。在这期间要按照营养需要合理配制日粮，保持母羊中上等体况，为配种做好准备。

（二）妊娠期的饲养管理

母羊妊娠期分为前期（3个月）和后期（2个月）。

1. 妊娠前期

胎儿发育较慢，所增重量仅占羔羊初生重的10%。放牧羊除放牧外，根据放牧采食牧草情况每只日补饲优质干草1~2千克或青贮饲料1~2千克及适当精饲料。全舍饲羊按饲养标准配给饲料，妊娠前期和妊娠后期精饲料的配方也不相同，妊娠前期精饲料中的维生素及微量元素的量会大一些，以满足胎儿前期生长发育的需要。

2. 妊娠后期

胎儿生长迅速，其中80%~90%的初生体重是此时生长的，因此这一阶段需要营养水平较高。如果此阶段母羊营养不足，母羊体质差，会影响胎儿的生长发育、羔羊初生重、母羊产后泌乳能力、羔羊出生后生长发育速度及母羊下一繁殖周期。在妊娠后期，一般母羊体重要增加 7~8 千克，其物质代谢和能量代谢比空怀母羊高 30%~40%，蛋白质需要量也增加，后期比前期增加可消化蛋白质 40%~60%，钙、磷增加 1~2 倍。但也不能过肥，否则易出现食欲不振，反而使胎儿营养不良。为了满足妊娠后期母羊的生理需要，放牧的羊仅靠放牧是不够的，除放牧外，需补饲一定的混合精饲料和优质青干草。根据放牧采食情况，以下标准可酌情加减。放牧羊每只日补饲混合精饲料 0.6~0.7 千克，粗饲料 1 千克。舍饲母羊每只日补饲混合精饲料 0.6~0.8 千克，粗饲料 1~2 千克。

在母羊妊娠后期要防止母羊由于意外伤害而发生早产。不要让放牧羊吃霜草或霉烂饲料，不饮冰茬水，防止羊群受惊吓。在羊群出牧、归牧、饮水、补饲时都要慢而稳，严防跳崖、跳沟，最好在较平坦的牧场放牧。舍饲的羊要按照妊娠后期营养需要科学饲喂，羊舍要保持温暖、干燥、通风良好。母羊在预产期前 1 周左右，可放入待产圈内饲养，适当进行运动。

（三）哺乳期的饲养管理

哺乳期可分为哺乳前期和哺乳后期。哺乳前期一般为羔羊生后 30 天前，羔羊的营养主要依靠母乳。如果母羊营养好，奶水就充足，羔羊发育好、抗病力强、成活率高。如果母羊营养差，泌乳量必然减少，不仅影响羔羊的生长发育，自身也会因消耗太大，体质很快消瘦下来。因此，必须加强哺乳前期母羊饲养管理，促进其泌乳。一般每只母羊每日应供给 1.5 千克青干草，2 千克青贮饲料和青绿多汁饲料，0.8

千克精饲料。但膘情较好的母羊，在产羔1~3天内，不喂精饲料和多汁饲料，只喂些青干草，以防消化不良或发生乳房炎。

到哺乳后期，即羔羊出生30天后，羔羊的胃肠功能已趋于完善，可以利用优质饲草及粉碎精饲料，不再主要依靠母乳而生存，而此时母羊的泌乳能力也渐趋下降（产后20~40天达到高峰，40天后开始下降），即使增加补饲量也难以达到泌乳前期的泌乳量。同时，羔羊采食能力增强，对母乳的依赖性降低，因此应逐渐减少母羊的日粮给量，逐步过渡到空怀母羊日粮标准。在羔羊断奶的前1周，要减少母羊多汁饲料、青贮饲料和精饲料喂量，以防断奶时发生乳房炎。

哺乳期母羊精饲料饲喂量参考表3-3。

表3-3 哺乳期母羊精饲料饲喂量

产后天数（天）	单羔（千克）	双羔（千克）
1~3	0.1~0.2	0.2~0.3
4~7	0.4~0.6	0.5~0.8
8~20	0.5~0.6	0.6~0.9
21~45	0.5~0.6	0.6~0.8
46~60	0.4~0.6	0.5~0.8

三、羔羊

羔羊主要指断奶前处于哺乳期的羊只。羔羊的饲养管理是指羔羊断奶前的饲养管理，该阶段是羔羊生长发育的最重要时期。

羔羊出生后，应尽早吃到初乳。初乳中含有丰富的蛋白质（17%～23%）、脂肪（9%～16%）、矿物质等营养物质和抗体，对增强羔羊体质、抵抗疾病和排出胎粪具有重要的作用。据研究，初生羔羊不吃初乳，将导致生产性能下降，死亡率增加。羔羊1月龄内，要确保双羔和弱羔都能吃到奶。对初生孤羔、缺奶羔羊和多胎羔羊，在保证吃到初乳的基础上，应找保姆羊寄养或人工哺乳。人工哺乳可用山羊奶、绵羊奶、牛奶、奶粉和代乳品等，务必做到清洁卫生，定时、定量和定温（35～39℃），哺乳工具用奶瓶或饮奶槽，但要定期消毒，保持清洁，否则易患消化道疾病。对初生弱羔、初产母羊或护仔行为不强的母羊所产羔羊，需人工辅助羔羊吃乳。母羊和初生羔羊一般要共同生活7天左右，才有利于初生羔羊吮吸初乳和建立母子感情。羔羊10日龄就可以开始训练吃草料，以刺激消化器官的发育，促进心、肺功能健全。在圈内安装羔羊补饲栏（仅能让羔羊进去）让羔羊自由采食，少给勤添；待全部羔羊都会吃料后，再改为定时、定量补料，每只日补喂精饲料50～100克。羔羊生后7～20天内，晚上母子应在一起饲养，白天羔羊留在羊舍内，母羊在羊舍附近草场上放牧，中午回羊舍喂一次奶。为了便于"对奶"，可在母、子体侧编上相同的临时编号，每天母羊放牧归来，必须仔细地对奶。羔羊20日龄后，可随母羊一起放牧。

　　羔羊1月龄后，逐渐转变为以采食为主，除哺乳、放牧采食外，可补给一定量的草料。例如，肉用羊和细毛羊，1～2月龄时每天喂2次，补给精饲料100～150克；3～4月龄时每天喂2～3次，补给精饲料150～250克。饲料要多样化，最好有玉米、豆类、麦麸等 3 种以上的混合饲料和优质干草等。胡萝卜切碎，最好与精饲料混合饲喂羔羊，饲喂甜菜每天不能超过 50 克，否则会引起腹泻，继发胃肠病。羊舍内设自动饮水器或水槽，放置矿物质等舔砖、盐槽，也可在精饲料中混入 1.5%~2.0% 的食盐和 2.5%~3.0% 的矿物质。

羔羊断奶一般不超过 2 月龄。羔羊断奶后，有利于母羊恢复体况，准备下一次配种，也能锻炼羔羊的独立生活能力。羔羊断奶多采用一次性断奶方法，即将母子分开后，不再合群。母羊在较远处放牧，羔羊留在原羊舍饲养。母子隔离 4~5 天，断奶成功。羔羊断奶后按性别、体质强弱分群放牧饲养，或分圈舍饲。

目前生产中一般采用的是一次性断奶法，但要做好羔羊的补饲工作。

四、育成羊

羔羊在 2 月龄左右断奶，到第一次交配繁殖的公羊、母羊称育成羊。羔羊断奶后的最初几个月，生长速度很快，当营养条件良好时，日增重可达 150~200 克，每日需风干饲料 0.7~1 千克，以后随着月龄增加，则应根据日增重及其体重对饲料的需要适当增加。育成羊的饲养应根据生长速度的快慢和需要营养物质的多少，分别组成公育成羊群、母育成羊群，结合饲养标准，给予不同营养水平的日粮。

在羊的一生中，其生后第一年生长强度最大，发育最快，因此如果羊在育成期饲养不良，会影响一生的生产性能，甚至使性成熟推迟，不能按时配种，从而降低种用价值。对舍饲养殖而言，为了培育好育成羊，应注意以下几点。

（一）合理的日粮搭配

育成羊日粮中精饲料的粗蛋白质含量提高到 15% 或 16%，混合精饲料中的能量水平占总日粮能量的 70% 左右为宜。每天喂混合精饲料以 0.4 千克为好，同时还需要适当搭配多种粗饲料，如青干草、青贮饲料、块根块茎等多汁饲料等。另外，还要注意矿物质如钙、磷、食盐和微量元素的补充。育成公羊由于生长发育比育成母羊快，所以营养物质需要量多于育成母羊。

（二）合理的饲喂方法和饲养方式

饲料类型对育成羊的体型和生长发育影响很大，优良的干草、充足的运动是培育育成羊的关键。给育成羊饲喂大量且优质的干草，不仅有利于促进消化器官的充分发育，而且培育的羊体格高大，乳房发育明显，产奶多。充足的阳光照射和得到充分的运动可使其体壮胸宽，心肺发达，食欲旺盛，采食多。有优质饲料，就可以少给或不给精饲料，精饲料过多而运动不足，容易肥胖，早熟早衰，利用年限缩短。

（三）适时配种

一般育成母羊在满 8~10 月龄，体重达到 40 千克或达到成年体重的 70% 以上时配种。育成母羊不如成年母羊发情明显和规律，所以要加强发情鉴定，以免漏配。8 月龄前的公羊一般不要采精或配种，须在 12 月龄以上时再参加配种。

五、奶山羊

(一) 奶山羊的适宜饲养方式

我国奶山羊的饲养方式分为放牧、半放牧半舍饲和舍饲3种。放牧饲养是一种比较原始而粗放的饲养方式，多为地广人稀的天然草原地区和丘陵山区采用。放牧饲养的奶山羊，其生长、产奶受自然条件、季节和牧草盛衰的影响很大，管理简单粗放，生产水平低，不利于提高产奶量，且常会发生畜草矛盾，需要与草场改良、贮草越冬和补饲精饲料相结合，才能收到较好经济效益。舍饲圈养方式多为缺乏放牧地的农区采用的一种饲养方式。此法饲育的奶山羊，由于缺乏运动，往往影响食欲，体质较弱。如羊圈狭小，常因通风不良引起各种疾病。累代舍饲的奶山羊，多表现腿短、胸狭、体质纤弱、体格小、肌肉厚、使用年限短等现象。因此，对圈养的奶山羊，除按不同生理阶段补给一定数量的优质草料外，要尽量创造运动条件，采取系留放牧或进行定时的驱赶游走运动。

半放牧半舍饲是饲养高产奶山羊最理想的方式。早上补饲草料后出牧，到傍晚收牧后回羊舍再补饲。采用这种方式饲养的奶山羊，运动适当，营养全面，因此发育良好，一般体格较大、肌肉薄、腿高、胸宽、腰大、腹大、采食量大、体质结实、体型清秀，符合奶用动物要求健康、高产、稳产的条件。泌乳母羊牧地不宜过远，一般不超过2.5千米，否则会因体力消耗太大而影响产奶量。

舍饲是农业发达而土地资源有限的地区采用的一种饲养方式。羊群规模大小受市场价格、资金、饲料资源、管理技术水平等因素的影响较大，群体规模一般在 200 只以上。近年来，随着羊奶加工企业的崛起，许多企业建立了自己的奶山羊养殖场或养殖基地，出现了一些千只以上的规模羊场。此种方式的特点是羊舍设计先进，机械化程度高，一般配备有漏缝地板、通风系统、全混合日粮搅拌机、撒料车、自动饮水和机械清粪等设施，适用于高产品种及高产奶量母羊。但投资大，羊运动少，饲养管理水平要求较高。

（二）泌乳母羊的饲养

1. 繁殖、泌乳与饲养的关系

（1）繁殖与泌乳的关系。当育成母羊体重达到成年母羊体重的 70%~75% 时，或纯种萨能育成母羊体重达到 42~45 千克，杂种奶羊体重达到 32~35 千克时，即可以配种。母羊产羔后，有 10 个月产奶期，2 个月干奶期，年复一年，直到终生，这样安排，终生产奶最多。按胎次来说，第三胎的泌乳量可达最高峰。

多数母羊在产奶 7 个月即可再次交配。在妊娠的前 3 个月，既泌乳又怀胎，但此时母羊泌乳功能渐衰，胎儿增重很慢，对泌乳所需的营养物质影响很小，因而不会影响泌乳量，泌乳和妊娠不会发生营养供应上的矛盾。

（2）泌乳曲线。泌乳曲线是奶山羊在泌乳期内产奶量升降情况的一种统计指标图形，即将奶山羊各月的产奶量连接成的分布曲线。它可以用来评定奶山羊个体在泌乳期产奶的平稳程度，作为科学饲养的依据。一般母羊产羔 20 天后，因催乳素作用强烈，加上干奶期的营养贮备，产奶量上升很快，到产后 40～70 天，达到最高峰。70 天以后，产奶量缓慢下降，180 天以后，特别是 210 天后，下降的幅度较快，至 300 天停止泌乳进入干奶期。

母羊在分娩后，在一个胎次内从开始泌乳到产奶进入高峰期，再下降进入干奶期停止泌乳，形成了一个抛物线形的泌乳曲线。高产奶山羊产奶量的泌乳曲线起点高，上升和下降的幅度都比较小，泌乳高峰期曲线较平，持续时间长，下降慢；低产奶山羊的泌乳高峰出现得早，上升很快，但泌乳曲线峰值低，持续时间短，下降也快。

（3）乳脂率的变化。乳脂率的升降恰与泌乳曲线相反，是两头高中间低。分娩后的初乳阶段，乳脂率最高，可达 8%～10%。随着产奶量的上升，乳脂率降低，产奶量最高时，乳脂率最低，随着产奶量的下降，乳脂率又逐渐上升。乳脂率的变化，没有泌乳量那么显著，只在泌乳的开始和结束时略见升高，中间长时期变化并不大。虽然乳脂率的变化规律与泌乳量正好相反，但每日乳脂肪的产量分布曲线与产奶量相一致，在泌乳高峰期产乳脂最多。

（4）体重的变化。在一个泌乳期中，母羊体重的变化规律是，产羔前体重最大，分娩后，因胎儿、胎衣等排出，体重明显下降，初乳期略有恢复，以后随泌乳量的增加，体重仍继续下降，到泌乳高峰期体重降至最低。直到泌乳期过半，即泌乳期第六个月开始，因为产奶量逐渐减少，体重开始有增加的趋势。泌乳 7 个月配种后，体重增加加快，干奶以后增重更快。干奶期母羊体重的增加应包括两方面：一是胎儿的生长发育；二是母羊自身膘度的增加。因此，必须加强干奶期饲养，一方面可以确保胎儿的健康发育，另一方面使母羊尽快恢复体力，使体内贮备足量的营养，以保证下一个泌乳期的生产。

（5）饲养原则。总的饲养原则是使奶山羊能安全地大量采食，尽早满足泌乳需要，尽可能少消耗体内积贮，为高产稳产创造条件。在产后几日的初乳阶段，由于母羊体积蓄的营养较多，加上泌乳量少，所以喂量要少，以后随泌乳量的增加，喂量应逐渐加大，随泌乳量减少，喂量也应相应减少。

产奶的饲料报酬与产奶量有关。泌乳量高时，饲料的利用率就高，每日产奶 3.5 千克者可给总可消化养分 1.5 千克；而泌乳量低时，饲料的利用率也低，每日产奶 1 千克者仍需给 0.91 千克的总可消化养分。为此在实际生产中应充分利用高饲料报酬时期。在产奶量上升阶段，增加喂量时要有意加大给量，即在加料至与产奶量基本相适应时，仍继续增加，使日粮比实际产奶量所需要的营养多，等到增料而奶量不再上升后，才将多余的饲料降下来。在产奶量下降时，降料要比加料慢些，逐渐至与产量相适应，即再减料，产量就会随之迅速下降。饲料量不一定与饲养标准绝对一致。

2. 泌乳期的饲养

母羊产羔后，开始进入泌乳期，泌乳期可分为泌乳初期、泌乳盛期和泌乳后期。不同的泌乳时期，母羊的生理状况和生产力也不同，对营养物质的需要亦有差别，必须按不同生理阶段的营养要求，合理饲养，使羊既能获得全价平衡日粮，又不致造成浪费。

（1）泌乳初期。母羊产后15天内为泌乳初期。母羊产后，体力消耗很大，体质较弱，腹部空虚且消化功能较差；生殖器官尚未复原，乳腺及血液循环系统功能未恢复正常，多胎羊因妊娠期心脏负担过重，腹下和乳房基部水肿尚未消失，此时应以恢复母羊体力为主。具体的饲喂原则是以优质嫩干草为主，视母羊体况肥瘦，乳房膨胀程度，食欲表现，粪便形状和气味，灵活掌握精饲料和多汁饲料的喂量。一般产后4～7天，每日可喂麸皮0.1～0.2千克，青贮饲料0.3千克；产后7～10天，每日可喂混合精饲料0.2～0.3千克，青贮饲料0.5千克；10～15天每日可喂混合精饲料0.3～0.5千克，青贮饲料0.7千克；产羔15天后，逐渐恢复到正常的饲养标准。在泌乳初期的饲养过程中要注意，首先保证充足的优质青干草任其自由采食，但精饲料和多汁饲料的喂量要由少到多，缓慢增加，不能操之过急，否则会影响母羊体质和生殖器官的恢复，还容易发生消化不良等胃肠疾病，轻者影响本胎次产奶量，重则伤害终生的生产性能。对于膘情好、乳房膨胀过大、消化不良者，应以饲喂优质青干草为主，不喂青绿多汁饲料，控制饮水，少给精饲料，以免加重消化障碍和乳房膨胀，延缓水肿的吸收；对体况较瘦、消化力弱、食欲不振和乳房膨胀不显著者，可适量补喂些含淀粉量高的薯类饲料，多进行舍外运动，以增强体力。

（2）泌乳盛期。产后 15 ~ 180 天为泌乳盛期。高产奶山羊在产后 60 ~ 70 天达到泌乳高峰，一般奶山羊在产后 30 ~ 45 天达到泌乳高峰，然后保持一段较稳定的高产期，到产后 180 天后产奶量开始明显下降。泌乳盛期是产奶最多的时期，体内贮积的各种养分不断支出，体重也不断减轻。此阶段奶山羊食欲旺盛，饲料利用率高，应尽量利用优越的饲料条件，配给最好的日粮，促进其多产奶。每天除喂给相当于体重 2% ~ 4% 的优质干草外，还应尽量多喂些青贮饲料、青草、块根块茎类多汁饲料，不够的营养物质用混合精饲料补充。为刺激泌乳功能充分发挥，可超标准多喂一些饲料，如果超喂的饲料提高了产奶量，应继续饲喂，调整原有日粮标准，若不能提高产奶量，应去掉多余的部分。

在泌乳盛期，高产奶山羊每日采食饲料 2 ~ 3 千克，必须注意日粮的体积和适口性，日粮的体积要小，适口性要好，营养高，种类多，易消化。并从各方面提高奶山羊的消化力，如进行适当的运动，增加采食次数，改善饲喂方法，定时定量，少给勤添，清洁卫生。在奶量稳定期，应尽量避免饲料、饲养方法以及工作日程的变动，尽一切可能使泌乳高峰较稳定地保持较长时期，因为泌乳高峰的产奶量一旦下降，是很难再升上去。

（3）泌乳后期。从泌乳期 180 天后，便进入泌乳后期。由于气候逐渐变冷和饲草条件变差，加上发情、妊娠的影响，产奶量显著下降，此时要维持羊的营养状况，逐渐减少精饲料喂量，但不能减得过快，要随着产奶量的下降逐渐减少。如精饲料减之过急，常可使产奶量急剧下降，影响胎次总产量。反之，若此时日粮营养长期超过泌乳所需的营养，则母羊很快变肥，从而使产奶量下降。总之，此阶段既要使母羊的体重增加不太快，又要使产奶量缓慢下降为好。每天除逐渐减少精饲料外，应尽量供应优质青干草和青绿多汁饲料，以延长泌乳期，提高本胎次产奶量，既有利于胎儿的健康发育，又能为下一胎次的泌乳蓄积体力。

3. 干奶期母羊的饲养

母羊经过 10 个月的泌乳，营养消耗很大，为使其有恢复和弥补的机会，让它停止产奶，称为干奶。从停止产奶到下胎产羔的期间叫干奶期。干奶的目的是使羊体力体质得到恢复，乳腺得到休息，从而保证胎儿的正常发育，并为下一个泌乳期贮存足够的营养物质，为提高产奶量打下基础。要达到以上目的，妊娠母羊必须在产羔前 2 个月干奶，而且要求妊娠后期的体重比泌乳盛期高 20% 以上，否则不仅影响羔羊生长发育，还会因母羊体质瘦弱，影响下一胎的产奶量。

干奶的方法分自然干奶法和人工干奶法。产奶量低、营养差的母羊，在泌乳 7 个月左右配种，妊娠 1~2 个月以后产奶量迅速下降而自动停止产奶，即自然干奶。产奶量高、营养条件好的母羊，要采取一些措施，使其停止产奶，即人工干奶。人工干奶法又分为逐渐干奶法和快速干奶法 2 种。逐渐干奶法是通过改变生活习惯，如改变挤奶次数（甚至对难停奶的羊隔日挤 1 次）、饲喂次数，改变日粮（如减少多汁饲料，适当减少精饲料，多用干草等)、加强运动，以抑制乳腺分泌活动，使羊在 7~14 天内逐渐干奶。快速干奶法在生产中采用较多。这种方法不需预先停料，不致影响母羊和胎儿的健康发育，但要求工作人员胆大心细，责任感强。具体做法是：只要到达干奶之日，即认真按摩乳房，将奶挤净，将乳房乳头擦干净后即停止挤奶，同时保持垫草清洁。采用这种方法，最好挤奶完后用盛 5% 碘酊的小杯子浸一浸乳头，预防感染，再用盛有火棉胶的小杯子先每个乳头浸 1 次，然后再将每个乳头轮流浸 2~3 次，用火棉胶将乳嘴封闭，减少感染机会，也可在封闭乳嘴前先注入青霉素眼膏，作为预防乳房炎的措施。经 3~5 天后，乳房内积奶即逐渐被吸收，约 10 天乳房收缩松软，处于休止状态，干奶工作即安全结束。

干奶期的饲养可分干奶前期和干奶后期 2 个阶段，干奶前期自干奶之日起至泌乳活动完全休止乳房恢复松软正常为止，一般需 1~2 周。在此期间的饲养原则是：在满足干奶羊营养的前提下，使其尽早停止泌乳活动，最好以青粗饲料为主，不用多汁饲料，少用精饲料。如果母羊膘情欠佳，仍可用产奶羊饲料。精饲料喂量视青粗饲料的质量和母羊膘情而定，对膘情良好的母羊，一般仅充分喂给优质干草即可。总之，要充分满足母羊的营养需要，同时注意卫生管理，加强运动，洗刷羊体时防止触碰乳房，经常保持垫草清洁，密切注意乳房变化。干奶前期结束后至分娩前为干奶后期。这段时间要求母羊特别是膘情稍差的母羊有适当增重，至临产前体况丰满度在中上水平，健壮又不过肥。饲料应以优质青干草为主，同时应富含蛋白质、维生素和矿物质。进行日粮配合时，优质青干草如苜蓿、野青干草、甘薯蔓、花生秧等应占 2/3，青贮饲料或多汁饲料如甘薯、胡萝卜、甜菜、南瓜、马铃薯等占 1/3，精饲料只作补充，每只羊每天给混合精饲料 0.2～0.3 千克。此期应注意不能喂发霉、冰冻、腐败、体积过大、不易消化及容易发酵的饲料，也不能饮用冰冻的凉水，并要严防惊吓，避免远牧。

4. 羔羊的饲养

羔羊出生后 1～5 天为初乳哺育期，最好让羔羊随母羊自然哺乳。初乳是新生羔羊不可缺少的理想天然食物，不仅营养丰富，容易消化吸收，且具有免疫抗病能力，因而应让羔羊尽量早吃、多吃初乳，吃得越早，吃得越多，增重越快，体质越强，发病越少，成活率越高。

初乳期过后，羔羊即应与母羊分开，改为人工哺乳，使母羊减少带羔的干扰，进行定时挤奶。羔羊离开母羊初行人工哺乳往往不会吸吮，因此事先必须进行训练。一般有瓶喂法和盆饮法 2 种。瓶喂法可用橡皮乳头喂饮，如用盆饮法，最初可用两手固定其头部，使其在盆中舔奶，以诱导吸食，要注意勿使鼻孔浸入奶盆中，以免误吸入鼻腔影响呼吸。如果小羊不饮奶，可把洗净的右手食指浸入奶中，诱使它从手指上吮奶。训练羔羊吮奶，必须耐心，不可强行硬喂，否则容易将奶呛入气管造成疾病或引起死亡。一般羔羊经 1～2 天的训练，便可习惯人工哺乳。人工哺乳要掌握的技术要点包括定时、定量、定温、定质。即人工哺乳必须严格遵守规定的哺乳时间、次数、喂量，奶必须新鲜，温度应与母羊体温相近或稍高（38~42℃）。此外，所有接触乳汁的用具要清洁、消毒，保持卫生。

通常一昼夜的最高哺乳量，母羔不超过体重的20%，公羔不超过体重的25%。在体重达到8千克以前，哺乳量随体重的增加而增加。体重在8~13千克阶段，哺乳量不变。在此期间应尽量训练其采食草料，且要注意草要柔嫩，料要炒香。体重达13千克以后，哺乳量渐减，草料渐增，体重达18千克时可以断奶。整个哺乳期平均日增重，母羔不应低于150克，公羔不应低于180克。如日增重太高，平均在250克以上，喂得过肥，会影响到奶山羊应有的体况，对产奶不利。在哺乳期间，如有优质豆科牧草和比较好的精饲料，只要能完成增重指标，可减少哺乳量，缩短哺乳期。羔羊的饲养方案可按表3-4进行，并灵活掌握。

5. 育成奶山羊的饲养

断奶之后的育成羊，各种组织器官都处在旺盛的生长发育阶段。体重、躯干的宽度、深度与长度都在迅速增长。如果此时营养跟不上，会影响生长发育，形成体小、四肢高、胸窄、躯干细的体型，严重影响体质、采食量和将来的泌乳能力。加强饲养，可以增大体格，促进器官发育，对将来提高产奶量至关重要。因此，为了培育高产奶山羊，必须重视育成羊的饲养。增重是育成羊发育程度的标志。育成羊增重指标参考表3-5。

表3-4　羔羊饲养方案

日龄	昼夜增重（克）	期末重（千克）	哺乳次数	全乳一次（克）	全乳昼夜（克）	全乳全期（千克）	混合精饲料昼夜（克）	混合精饲料全期（千克）	青干草昼夜（克）	青干草全期（千克）	草（或青贮、块根）昼夜（克）	草（或青贮、块根）全期（千克）
1~5	产重	4.00	自由哺乳	—	—	—	—	—	—	—	—	—
6~10	150	4.75	4	220	880	4.4	—	—	—	—	—	—
11~20	150	6.25	4	250	1000	10.0	—	—	60	0.6	—	—
21~30	155	7.80	4	300	1200	12.0	30	0.3	80	0.8	50	0.5
31~40	155	9.40	4	350	1400	14.0	60	0.6	100	1.0	80	0.8
41~50	160	11.00	4	350	1400	14.0	90	0.9	120	1.2	100	1.0
51~60	160	12.60	3	300	900	9.0	120	1.2	150	1.5	150	1.5
61~70	155	14.10	3	300	900	9.0	150	1.5	200	2.0	200	2.0
71~80	150	15.60	2	250	500	5.0	180	1.8	240	2.4	250	2.5
81~90	140	17.00	1	200	200	2.0	220	2.2	240	2.4	300	3.0
合计		17.00				79.4		8.5		11.9		11.3

表 3-5　育成奶山羊增重指标

月龄	5~8	9~12	13~16	17~20
平均日增重（克）	100	80	60	50
期末增重（千克）	32	41.6	48.8	54.8

　　育成羊应以优质青粗饲料为主要日粮，并随时注意调整精饲料喂量和蛋白质水平，不喂给过多富含淀粉的精饲料，严忌体态臃肿、肌肉肥厚、体格粗短。喂给充足优质的青干草，再加上充分的运动，是育成羊饲养的关键。充足而优质的青干草，有利于消化器官发育，培育成的羊骨架大，肌肉薄，腹大而深，采食量大，消化力强，泌乳量高。充足的运动可使羊胸部宽广，心肺发达，体质健壮。半放牧半舍饲是育成羊最理想的饲养方式。断奶后至8月龄，每日在吃足优质干草的基础上，补饲混合精饲料250~300克，其中可消化粗蛋白质的含量不应低于15%。以后如青粗饲料质量好，可以少给精饲料，甚至不给精饲料。

　　为了掌握育成羊阶段培育的特点，除对高产的羊群做好个别照顾外，必须做到大小分群和各种不同情况的分群饲养，以利于定向饲养，促进生长发育。

　　6. 挤奶

　　挤奶是奶山羊生产中一项重要的工作内容。挤奶技术的好坏，对产奶量和乳品质影响很大。挤奶方法有机器挤奶和人工挤奶2种。

　　奶山羊每天挤奶次数应视产奶量而定：一般每日2次，即早、晚各1次。如日产奶量达5~8千克的奶山羊，应每日挤 3 次，产奶量 8 千克以上者，应每日挤 4 次，每次挤奶间隔时间应大致相等。

奶山羊饲养较多的场、户，应设有专门的挤奶室和挤奶架。挤奶室设在羊舍一端，清洁卫生，光线充足，空气新鲜，无尘土，并应铺设水泥地面，便于清扫冲洗粪尿和污物。饲养奶山羊不多的户，一般不需专用挤奶室和挤奶架，但在大风天气不宜在室外挤奶，应在清洁卫生的室内挤奶，以防奶品污染。挤奶前应剪掉乳房周围的长毛，并用 40~50℃ 的温水浸泡毛巾，擦洗乳房，擦干后用双手托住乳房，对乳房进行充分按摩，按摩时要柔和轻快，先左右后上下，在挤奶过程中，要求在挤奶的前期、中期、后期，进行按摩 3~4 次，每次 0.5 分钟，这样可迅速引起排乳反射，便于乳汁排出和提高产奶量。经过按摩的乳房，乳头膨胀后要立即挤奶，丢掉最初挤出的几滴奶，然后以轻快的动作，均匀的速度，迅速将奶挤干。乳房中不留残乳，以免影响产奶量或出现乳房炎。

常用的人工挤奶法有压榨法（又名拳握法）和滑榨法（又名指挤法）。压榨法较为科学，符合奶山羊的生理和乳房发育特点，所以较为常用。压榨法适用于奶头适中或稍长的奶羊，先用拇指和食指握紧乳头基部，防止回流，手的位置不动，然后依次用中指、无名指和小指向手心压缩，把奶挤出。挤奶时用力要均匀，动作敏捷轻巧，两手的握力、速度要一致，方向要对称，以免造成乳房畸形。同时，挤奶时两手不要同时挤压或放松，要一个放松一个挤压，交替进行。对于一些乳头过小的奶羊，可采用滑榨法挤奶，用拇指和食指捏住乳头基部，由上向下滑动，将奶挤出。对于初产乳头较小的母羊，采用滑榨法待奶头拉长后，应改为压榨法挤奶。无论采用哪种方法挤奶，最后应再次按摩乳房，以便将乳汁挤净。此外，挤奶时要求挤奶室安静洁净。挤奶员的指甲应经常修剪，避免损伤乳房。同时，要经常保持手、衣物、用具的清洁卫生。另外，挤奶员对羊的态度必须温和。挤奶必须定时，按照一定的方法和顺序挤奶。挤奶时切忌嘈杂，不可惊扰奶羊。

在大型奶山羊场，为了节省劳动力，提高奶的质量和工作效率，主要采用机械化挤奶。机器挤奶是促进奶山羊生产向规模化、产业化方向发展的一个重要技术措施。机器挤奶有移动式挤奶车、固定式挤奶台等方式。

机器挤奶的要求：①有宽敞、清洁、干燥的羊舍和铺有干净垫草的羊床，以保护乳房而获得优质的羊奶。②有专门的挤奶间（内设挤奶台、真空系统和挤奶器等）、贮奶间（内装冷却罐）及清洁无菌的挤奶用具。③定时挤奶，并采用正确的挤奶程序。④挤奶器检查，无论提桶式或管道式，均应经常保持挤乳系统的卫生，定期对挤乳系统进行检查与维修。

六、绒山羊

绒山羊的产绒量、绒毛品质、繁殖率、羔羊成活率等生产性能，都与饲养管理水平密不可分。因而掌握科学的饲养管理方法，是提高绒山羊生产性能的关键。

（一）饲养方式

放牧加补饲是绒山羊的基本饲养方式。绒山羊的放牧采食能力很强，四肢轻快，强健善走，能很好地利用低矮草地、陡坡、山峦和各种复杂牧地。天然牧草、灌木枝叶等是绒山羊的主要饲料。在我国绒山羊产区，绒山羊可终年放牧。放牧时应单独组群，羊群大小应根据草场大小而定，一般农区50~60只，半农半牧区80~100只，牧区150~200只，山区60~70只。夏、秋季可充分利用天然草场资源进行放牧饲养，冬、春季草场资源不足时可采用放牧加补饲的方法，根据放牧草场情况合理补饲。

舍饲也是绒山羊饲养的一种方式，要按照不同生理时期绒山羊的营养需要，合理配制日粮，注意饲料的多样性和稳定性，也要注意由于营养不合理造成的羊绒变粗、质量下降等问题。

（二）山羊绒生长的季节性

山羊绒的生长，不同于羊毛，羊毛的生长是全年连续生长的，没有脱落现象，而山羊绒的生长是有季节性的，到春季天气变暖时会出现脱绒现象。山羊绒的生长是由夏至后日照由长变短开始，以后随着日照逐渐变短，山羊绒生长加快。冬至后日照由短变长，山羊绒生长变慢并逐渐停止生长。在一年中羊绒开始于秋分日照由长变短时期，而结束于春分光照由短变长时期，因而山羊绒生长的季节正好与繁殖季节一致。

在相同的气候条件下，不同的绒山羊品种绒毛开始生长的时间是有差异的，据研究报道，在宁夏地区，辽宁绒山羊6月绒毛开始萌发，7月生长，最大生长期在9月；内蒙古绒山羊8月绒毛开始生长，而本地山羊9月绒毛才开始生长。虽然不同品种绒纤维开始生长的时期不同，但结束时间基本相同，即翌年2月。不同的绒山羊品种的绒毛生长期长短不同，而生长期长的品种其产绒量相对较高，生长期短的品种产绒量相对较低。绒纤维生长期长短除受品种因素影响外，温度和湿度对其也有明显作用。研究表明，绒山羊喜欢干燥凉爽的环境，不能忍受高温、潮湿的气候条件，夏季持续高温、多雨潮湿会使绒毛开始生长时间推迟，绒纤维生长期缩短，因而造成产绒量下降，为此夏季绒山羊应选择在干燥凉爽的山坡地放牧，避免在低洼闷热处放牧，中午气温高时要把羊赶到阴凉地采食或休息，尽量给绒山羊提供一个凉爽干燥的环境，以利于绒毛的萌发、生长。

（三）绒山羊的营养需要特点

绒山羊的绒纤维生长对营养水平的要求并不高，只要在维持饲养的水平以上，即可满足产绒的需求，多余的营养仅会增加体重，对产绒量无影响。在实际绒山羊生产中，绒的生长往往伴随配种、妊娠、哺乳等生理任务，而不是单纯的维持饲养，因而要使绒山羊保持较高的产绒量并合理利用饲料，绒山羊的饲养水平应比其所处生理时期的饲养标准略高。

（四）绒山羊的补饲

绒山羊主要依靠放牧饲养，但当冬、春季节牧草枯黄时，牧草中营养价值降低，羊放牧采食量不足，牧草营养供给减少。而且冬、春气温低，羊体能量消耗大，母羊又处于妊娠后期和泌乳前期，育成羊也处在快速生长期，此时单靠放牧往往不能满足羊的营养需要，必须适当补饲。科学的补饲对羊群的安全越冬，提高羔羊成活率，增加绒山羊生产的经济效益至关重要。

1. 补饲时间

补饲何时开始和时间长短，应根据当地气候特点、草场情况、羊体况和草料储备情况而定。一般寒冷地区、草场质量差的地区，补饲应早于温暖地区和草场质量好的地区，而草料储备充足的羊场，补饲开始也较早。大部分绒山羊饲养区每年的 11 月进入枯草期，此时应考虑给予补饲。补饲一旦开始就应连续进行，直至翌年吃青为止，一般为 6~7 个月。

2. 补饲方法

对补饲量少的羊群，多在放牧回来一次进行。当补饲量多时，应分 2 次在早上出牧前和晚上归牧后进行。补饲的精饲料常和切碎的块根均匀地拌在一起，同时加入食盐，预先撒在食槽内，再放羊进入。青贮饲料的补饲应安排在吃完精饲料之后，干草最后补饲，让羊慢慢采食。

3. 补饲的数量

补饲的数量应根据草料储备量、羊群营养状况及其生理状况来确定。对种公羊和核心群母羊的补饲量应多些。草料分配上要保证优羊优饲，特别是对高产羊、妊娠后期和泌乳前期母羊，应提高补饲数量和质量，多给优质草料，并适当加大精饲料比例。

种公羊的补饲，在冬、春枯草期非配种季节，除每天坚持放牧 6~8 小时外，还应补饲混合精饲料 0.35~0.45 千克，青贮饲料 1.0~1.5 千克，优质青干草 0.8~1.0 千克，胡萝卜 0.3~0.5 千克；在晚春及夏季的非配种季节，除每天放牧 8~10 小时外，需日补饲混合精饲料 0.25~0.3 千克；在秋季配种期，除放牧外，需每日补饲混合精饲料 0.7~0.8 千克，牛奶 0.5 千克，鸡蛋 2~3 个，食盐 15 克，胡萝卜、南瓜等多汁饲料 0.5~1.0 千克。

母羊的补饲应着重放在妊娠后期和哺乳前期。妊娠后期的母羊除每天放牧 6~7 小时外，需日补饲混合精饲料 0.3~0.4 千克，优质青干草、树叶等 2 千克，青贮饲料 1.0~1.5 千克，胡萝卜等多汁饲料 0.5 千克。对哺乳前期母羊应视所带羔羊确定补饲标准，产单羔母羊每天补饲混合精饲料 0.25~0.35 千克，青贮饲料 1.5~2.0 千克，豆科牧草 0.5~1.0 千克，野干草 1.0~1.5 千克，胡萝卜 0.3~0.35 千克；产双羔母羊增加混合精饲料 0.4~0.6 千克、胡萝卜 0.4~0.5 千克。

育成羊的补饲一般从 12 月至翌年 4 月，除放牧外，需每日补饲混合精饲料 0.2~0.3 千克，青干草 1.0~1.5 千克。绒山羊全年的补饲参考量见表 3-6。

表 3-6　每只绒山羊每年的补饲量

类型	补饲时间（天）	补饲量（千克）		
		干草	多汁饲料	混合精饲料
种公羊	365	300	75	150
成年母羊	180	150	100	30
育成公羊	150	150	50	30

（续表）

类型	补饲时间（天）	补饲量（千克）		
		干草	多汁饲料	混合精饲料
育成母羊	150	120	40	25
哺乳羔羊	100	50	—	20

七、毛用羊

（一）毛用羊对日粮水平的要求

毛用羊产毛的营养要求与维持、生长、肥育和繁殖等的营养要求相比，所占比例不大，并远低于产奶的营养需要。产毛的能量需要约为维持需要的 10%，1 只体重 50 千克的绵羊，每天用于产毛的能量只有 418 千焦。而日粮中粗蛋白质含量不低于 5.8% 时，就能满足产毛的最低需要。1 只年产 4 千克毛的细毛羊，全年仅需 30 千克左右的可消化粗蛋白质即能满足需要。

由于羊毛是一种富含硫氨基酸的角化蛋白质，其含硫氨基酸胱氨酸可占角蛋白总量的 9%~14%，其中含有 3%~5% 的硫元素，因此毛用羊对硫元素的需要大于其他用途羊。羊瘤胃微生物可利用饲料中的无机硫合成含硫氨基酸，以满足羊毛生长的需要，在羊日粮干物质中，氮硫比以保持（5~10）:1 为宜。如日粮中添加尿素，在每天喂尿素的同时，可补饲硫酸钠 10 克，能明显提高羊毛产量，改善羊毛品质。

铜与羊的产毛关系密切。缺铜的羊除表现贫血、瘦弱和生长发育受阻外，还表现羊毛弯曲变浅、被毛粗乱，直接影响羊毛的产量和品质。但应注意羊对铜的耐受力非常有限，每千克饲料干物质中，含铜 5～10 毫克时能满足羊的各种需要，超过 20 毫克，有可能造成铜中毒。因此，在缺铜的地区应按需补饲，严禁超标造成中毒。

维生素 A 对羊的皮肤健康和羊毛生长十分重要。在青草期一般不易缺乏，而冬、春枯草期往往饲草中维生素 A 被破坏，不能满足羊的需求，对以高粗饲料日粮或舍饲饲养为主的羊，应供给一定的青绿多汁饲料或青贮饲料，以满足羊对维生素 A 的需要。

（二）营养水平对羊毛的生长及其品质的影响

羊毛发生于羔羊胚胎时期的皮肤上，毛囊原始体发生在胚胎 50～55 天，65～85 天形成初级毛囊，80 天左右出现次级毛囊，并在此后约 100 天之内或至羔羊生后 1 个月内，出现较快。如果此时营养不良，则新毛囊发生速度转慢，达不到其遗传上所能达到的毛囊总数。

羔羊出生以后只能由胎儿期发生的毛囊原始体形成毛纤维，细毛羊初生时形成的毛纤维只占胎儿期形成的毛囊原始体总数的 1/4～1/3，粗毛羊约占 1/2，羔羊生后的第一个月是毛纤维发育的最快时期，如果这个时期羔羊营养丰富，细毛羔羊毛纤维的发育通常要推迟到生后 5 个月或更长一些时间，而粗毛羔羊则在 4～5 个月。相反，如果营养水平差，就会抑制未发育的毛囊原始体长出毛纤维。因此，改善母羊妊娠后期和哺乳期的饲养，以及加强羔羊出生后期的培育是提高毛用羊产毛性能的重要技术措施。

羊毛纤维在全年四季的生长趋势，在饲养条件相对稳定时基本上是均衡的（季节性脱毛的原始粗毛羊品种除外）。但对于放牧羊，由于季节的变化，牧草供应及其营养物质含量的不同，饲养条件完全均衡是不可能的，这样就造成在营养水平高时羊毛生长速度快、毛粗。而在营养水平低时羊毛生长速度变慢，毛也变细，羊毛粗细不匀，品质下降。种公羊全年饲养供应比较均衡，各月羊毛生长速度均为 0.5~0.8 厘米，平均月生长速度 0.6 厘米，特别是在 1—2 月，如能加强饲养，也可获得较高的羊毛生长速度。种公羊在 8—9 月羊毛生长速度较慢，与配种季节营养消耗较大有关。成年母羊平均每月羊毛生长速度为 0.52 厘米，生长最慢的时期为 1—2 月，分别为 0.39 厘米和 0.34 厘米，与产羔和哺乳营养消耗有关。母羊羊毛生长最快的时期为 8—9 月，恰为母羊营养最好的放牧季节。在毛用羊的饲养中，如需提高其产毛力和毛品质，应尽量做到全年饲料供应的营养丰富且均衡。应加强种公羊配种期的饲养管理，提高母羊妊娠期和哺乳期的营养水平，这样一方面可以加速毛囊的发生和毛纤维形成，增加羊毛密度，另一方面可以提高羊毛的生长速度，改善羊毛品质。

八、肥育羊

（一）羔羊肥育

羔羊生长发育快，饲料报酬高，产品成本低。随着市场对羊肉需要量的增长及优质肥羔肉价格的不断提高，肉羊肥羔生产也越来越受到养羊生产者的重视。肥育羔羊包括生长过程和肥育过程（脂肪蓄积），羔羊的增重来源于生长部分和肥育部分，生长是肌肉组织和骨骼的增加，肥育是脂肪的增加，肌肉组织主要由蛋白质构成，骨骼则由钙、磷所构成。

目前羔羊肥育多为异地肥育，即将牧区或者半牧区的断奶羔羊、架子羊转移到农区，利用农区的农作物秸秆及农副产品进行肥育，既可以减少草场压力，又可以使农区秸秆得到充分利用。

1. 肥育前期（0~30 天，过渡期）

外购羔羊进入羊舍后，应先喂少量草，喂料 3~4 小时后适当控制饮水，水中宜添加电解质。第二天，喂易消化的干草或草粉，少给精饲料，可拌湿饲喂。精饲料喂量逐渐由 100 克/（只·天）增加到 500 克/（只·天）（每周增加 100 克左右），粗饲料喂量 300~400 克/（只·天），精饲料中添加 0.5%~1% 的碳酸氢钠，每天早、晚饲喂 2 次。

肥育第三天，注射小反刍兽疫疫苗；第六天，在精饲料中拌服阿苯达唑驱虫；第九天，皮下注射羊痘疫苗；第十五天左右进行第一次剪毛，剪毛的同时注射伊维菌素和三联四防疫苗；第二十天，注射口蹄疫疫苗。

2. 肥育中期（31~90 天，20~40 千克）

精饲料喂量逐渐由 500 克/（只·天）增加到 1 200 克/（只·天），玉米+麸皮喂量逐渐增加至精饲料量的 70%，粗饲料喂量 400 克/（只·天），精饲料中添加 1%~1.5% 的碳酸氢钠和 0.5% 的食盐，每天早、晚饲喂 2 次。

肥育 50~55 天进行第二次剪毛，同时注射伊维菌素和羊痘疫苗。观察羊群的采食和健康状况，防止瘤胃积食、瘤胃酸中毒、蹄病和肠毒血症等的发生。

3. 肥育后期（90 天至出栏）

精饲料喂量逐渐由 1 200 克／（只·天）增加到 1 500 克／（只·天），玉米+麸皮喂量逐渐增加至精饲料量的 80%，粗饲料喂量 250~300 克／（只·天），精饲料中添加 1%~1.2% 的碳酸氢钠，每天早、晚饲喂 2 次。

肥育 90~95 天进行第三次剪毛。观察羊群采食量和健康状况，防止蹄病和尿结石的发生。若需延迟出栏，可适当降低精饲料喂量、增加粗饲料喂量，降低肥育羔羊的日增重速度，延长肥育期。

（二）成年羊肥育

成年羊肥育主要利用淘汰的公羊和母羊，加料催肥，适时宰杀，供应市场。这种方法成本低、简单易行。成年羊骨架发育已经完成，如肥育得当，也可得到较好的肥育效果。供肥育的公羊去势后可以做到更好的肥育，改善肉的品质。

成年公羊肥育是以利用农副产品和精饲料为主，如将大豆、豌豆、大麦或饼类煮熟，强力饲喂，并补以鲜、干青草，肥育效果很好。有的则采用夏、秋季节放牧抓膘，或在秋茬补饲精饲料，春节前膘壮时屠宰，这样可使市场得到物美价廉的羊肉。

总之，不论是肥育羔羊还是成年羊，供给羊的营养物质必须超过其本身维持营养所必需的营养量，才有可能在体内蓄积肌肉和脂肪。成年羊体重的增加主要是脂肪的增加，羔羊生长的主要是肌肉，因此肥育羔羊比肥育成年羊需要更多的蛋白质。就肥育效果来说，肥育羔羊比肥育成年羊更有利，因为羔羊增重较成年羊要快。

第三节　羊的管理技术

一、分群管理

（一）种羊场羊群

一般分为繁殖母羊群、育成母羊群、育成公羊群、羔羊群及成年公羊群。一般不留羯羊群。

（二）商品场羊群

一般分为繁殖母羊群、育成母羊群、羔羊群、公羊群及羯羊群，一般不专门组织育成公羊群。

（三）肉羊场羊群

一般分为繁殖母羊群、后备羊群及商品肥育羊群。

（四）羊群大小

一般细毛羊母羊为 200~300 只，粗毛羊 400~500 只，羯羊 800~ 1 000 只，育成母羊 200~300 只，育成公羊 200 只。

二、编号

为了辨认个体与便于记录，应对每只羊进行编号。编号的方法有耳标法、刺字法、剪耳法及烙字法 4 种。当前较多采用的方法是耳标法。耳标由塑料制成，有圆形和长方形 2 种。长方形的耳标在多灌木的地区放牧容易被刮掉，圆形的比较牢靠。舍饲羊群多采用长方形耳标。耳标用来记载羊的个体号，个体号应反映出羊的品种、出生年份、性别、单双羔及个体编号，通常插于左耳基部。

三、捕羊和导羊前进

捕羊和导羊前进是羊群管理上经常遇到的工作。正确的捕捉方法是：趁羊不备时，迅速抓住羊的左后肢或右后肢跗关节以上部位。当羊群鉴定或分群时，必须把羊导到指定的地点。羊的性情很倔强，不能扳住羊头或犄角使劲牵拉，人越使劲，羊越往后退。正确的方法是：用一只手扶在羊的颈下，以便左右其方向，另一只手抚于羊尾根处，为羊搔痒，羊即前进。

四、羔羊去势

为了提高羊群品质，每年应对不做种用的公羊进行去势，以防杂交乱配。去势俗称阉割，去势的羔羊被称为羯羊。去势后公羊性情温顺，便于管理，易于肥育，肉膻味小，且肉质细嫩。性成熟前屠宰上市的肥羔，一般不用去势。公羔去势的时间为生后 2~3 周，天气寒冷亦可适当推迟，不可过早或过晚，过早则睾丸小，去势困难；过晚则睾丸大，切口大，出血多，易感染。

去势方法通常有 4 种，即刀切法、结扎法、去势钳法及化学去势法，常用的是刀切法和结扎法。

（一）刀切法

由一人固定羔羊的四肢，用手抓住四蹄，使羊腹部向外，另一人将阴囊上的毛剪掉，再在阴囊下 1/3 处涂以碘酊消毒，左手握住阴囊根部，将睾丸挤向底部，用消毒过的手术刀将阴囊割破，把睾丸挤出，慢慢拉断血管与精索，用同样方法取出另一侧睾丸。阴囊切口内撒消炎粉，阴囊切口处用碘酊消毒。去势羔羊要放在干净圈舍内，保持干燥清洁，不要急于放牧，以防感染或过量运动引起出血。1~2 天后，须检查 1 次，如发现阴囊肿胀，可挤出其中血水，再涂抹碘酊和消炎粉。在破伤风疫区，在去势前应给羔羊注射破伤风抗毒素。

（二）结扎法

结扎法常在羔羊出生 1 周后进行，操作时将睾丸挤于阴囊内，用橡皮筋将阴囊紧紧结扎，经半个月后，阴囊及睾丸因血液供应断绝而萎缩并自行脱落；另一种方法是，将睾丸挤回腹腔，在阴囊基部结扎，使阴囊脱落，睾丸留在腹内，失去精子形成条件，达到去势的目的。

五、去角

有些奶山羊和绒山羊长角，给管理带来很大的不便，个别性情暴躁的种公羊还会攻击饲养员，造成人身伤害，为了便于管理，羔羊在生后10天内需进行去角。

去角方法有以下2种。

（一）化学去角法

即用棒状苛性钠（氢氧化钠）在角基部摩擦，破坏其皮肤及角原组织。操作方法：先把羔羊固定住，然后摸到头部长角的角基，用剪子剪掉周围的毛，并涂以凡士林，防止碱液损伤别处的皮肤。将表皮摩擦至有血液浸出时为止，以破坏角的生长芽。去角时应防止苛性钠涂磨过度，否则易造成出血或角基部凹陷。

（二）烧烙法

将烙铁置于炭火中烧至暗红，或用功率为300瓦左右的电烙铁，对羔羊的角基部进行烧烙，烧烙的次数可多一点，但是需注意每次烧烙时间不要超过10秒，当表层皮肤破坏并伤及角原组织后可结束，对术部进行消毒处理。

六、断尾

断尾利于交配，一般在羔羊出生后1周内进行，将尾巴在距离尾根4~5厘米处断掉，所留长度以遮住肛门及阴部为宜。通常断尾方法有热断法和结扎法 2 种。

（一）热断法

断尾前先准备一块中间留有圆孔的木板，将尾巴套进，盖住肛门，然后用烙铁断尾器在羔羊的第三节至第四节尾椎间慢慢切断，这种方法既能止血又能消毒。如断尾后仍有出血，应再烧烙止血。最后用碘酊消毒。

（二）结扎法

结扎法是用橡皮筋或专用的橡皮圈，套在羔羊尾巴的第三、第四尾椎间，断绝血液流通，经 7~10 天后，下端尾巴因断绝血流而萎缩、干枯，从而自行脱落。这种方法简便又不流血，无感染，操作简便，还可避免感染破伤风。

七、羊年龄鉴定

羊年龄的鉴定可根据门齿状况、耳标号和烙角号来确定。

（一）根据门齿状况鉴定年龄

绵羊的门齿依其发育阶段分作乳齿和永久齿。

幼年羊乳齿计 20 枚，随着绵羊的生长发育，逐渐更为永久齿，成年时达 32 枚。乳齿小而白，永久齿大而微带黄色。上、下腭各有臼齿 12 枚（每边各 6 枚），下腭有门齿 8 枚，上腭没有门齿。

羔羊初生时下腭即有门齿（乳齿）1 对，生后不久长出第二对门齿，生后 2~3 周长出第三对门齿，第四对门齿于生后 3~4 周时出现。第一对乳齿脱落更换成永久齿时年龄为 1~

1.5 岁，更换第二对时年龄为 1.5~2 岁，更换第三对时年龄为 2~3 岁，更换第四对时年龄为 3~4 岁。4 对乳齿完全更换为永久齿时，一般称为"齐口"或"满口"。

4 岁以上绵羊根据门齿磨损程度鉴定年龄。一般绵羊到 5 岁以上牙齿即出现磨损，称"老满口"。6~7 岁时门齿已有松动或脱落的，这时称为"破口"。门齿出现齿缝、牙床上只剩点状齿时，年龄已达 8 岁以上，称为"老口"。

绵羊牙齿的更换时间及磨损程度受很多因素的影响。一般早熟品种羊换牙比其他品种早 6~9 个月完成；个体不同对换牙时间也有影响。此外，与绵羊采食的饲料亦有关系，如采食粗硬的秸秆，可使牙齿磨损加快。

（二）根据耳标号、烙角号判断年龄

目前生产中最常用的年龄鉴定还是根据耳标号、烙角号（公羊）进行。一般编号的第一个数是出生年度，这个方法准确、方便。

八、剪毛和抓绒

（一）剪毛

1. 剪毛时间

细毛羊、半细毛羊只在春天剪毛 1 次，如果 1 年剪毛 2 次，则羊毛的长度达不到精纺要求，羊毛价格低，影响收入；粗毛羊可 1 年剪毛 2 次。剪毛的时间，应根据当地的气温条件和羊群的膘情而定，最好在气温比较稳定和羊只膘情恢复后进行。我国西北牧区一般在5月下旬至6月上旬剪毛；高寒牧区在6月下旬至7月上旬剪毛；农区在4月中旬至5月上旬剪毛。过早剪毛，羊只易遭受冷冻，造成应激；剪毛过晚，会阻碍体热散发，羊只感到不适而影响生产性能，同时羊毛会自行脱落而造成损失。

2. 剪毛方法

剪毛应先从价值低的羊群开始，借以熟练剪毛技术。从品种来讲，先剪粗毛羊，后剪半细毛羊、杂种羊，最后剪细毛羊。同品种羊剪毛的先后，可按羯羊、公羊、育成羊和带羔母羊的顺序进行。将羊的左侧前后肢捆住，使羊左侧卧地，先由后肋向前肋直线剪开，然后按与此平行方向剪腹部及胸部毛，再剪前后腿毛，最后剪头部毛，一直将羊的半身毛剪至背中线。再用同样方法剪另一侧毛。

3. 注意事项

剪毛前12~24小时不应饮水、补饲和过度放牧，以防剪毛时翻转羊体引起肠扭转等事故发生。剪毛时动作要轻、要快，应紧贴皮肤，留茬高度保持在0.3~0.5厘米为宜，毛茬过高影响剪毛量和毛的长度，过低又易伤及皮肤。剪毛时，即使毛茬过高或剪毛不整齐，也不要重新修剪，因为二刀毛剪下来极短，无纺织价值，不如留下来下次再剪。剪毛时注意不要伤到母羊的乳头及公羊的阴茎和睾丸；剪毛场地事先须打扫干净，以防杂物混入毛中，影响羊毛的质量和等级；剪毛时应尽量保持完整套毛，切忌随意撕成碎片，否则不利于工厂选毛；羊毛的包装须使用布包，不能使用麻包，以免麻丝混入毛中影响纺织和染色。

（二）抓绒

山羊抓绒的时间一般在 4 月，当羊绒的毛根开始出现松动时进行。一般情况下，常通过检查山羊耳根、眼圈四周毛绒的脱落情况来判断抓绒的时间。这些部位绒毛毛根松动较早。山羊脱绒的一般规律是：体况好的羊先脱，体弱的羊后脱；成年羊先脱，育成羊后脱；母羊先脱，公羊后脱。

抓绒的方法有 2 种：即先剪去外层长毛后抓绒和先抓绒后剪毛。抓绒工具是特制的铁梳，有 2 种类型，密梳通常由 12~14 根钢丝组成，钢丝相距 0.5~1 厘米；稀梳通常由 7~8 根钢丝组成，钢丝相距 2~2.5 厘米。钢丝直径 0.3 厘米左右，弯曲成钩尖，尖端磨成圆秃形，以减轻对羊皮肤的损伤。抓绒时需将羊的头部及四肢固定好，先用稀梳顺毛沿颈肩、背、腰、股等部位由上而下将毛梳顺，再用密梳作反方向梳刮。抓绒时，梳子要贴紧皮肤，用力均匀，不能用力过猛，防止抓破皮肤。第一次抓绒后，过 7 天左右再抓 1 次，尽可能将绒抓净。

九、药浴和驱虫

（一）药浴

定期药浴是羊饲养管理的重要环节。药浴的目的主要是为了防止羊虱、蜱、疥癣等体外寄生虫病的发生，这些体外寄生虫病对养羊业危害很大，不仅造成脱毛损失，更主要是羊只感染后瘙痒不安，采食减少，逐渐消瘦，严重者造成死亡。

一般在剪毛后 10~15 天进行，这时羊皮肤的创口已基本愈合，毛茬较短，药液容易浸透，防治效果更好。药浴应选择晴朗、暖和、无风的上午进行。在药浴前 8 小时停止喂料，在入浴前 2~3 小时，给羊饮足水，以免羊进入药浴池后因为干渴而喝药水中毒。

常用的药浴药物有：螨净、蝇毒磷、敌百虫等。

药浴的方法有池浴法和喷雾法。池浴法是在药浴池中进行，药液深度可根据羊的体高而定，以能淹没羊全身为宜。入浴时羊鱼贯而行，药浴持续时间为 2~3 分钟。药浴池出口处设有滴流台，出浴后羊在滴流台上停留 20 分钟，使羊体上的药液滴下来流回药浴池。药浴的羊只较多时，中途应补充水和药物，使药液保持适宜的浓度。对羊的头部，需要人工淋洗，但是要避免将药液灌入羊的口中。药浴的原则是：健康羊先浴，有病的羊后浴，妊娠 2 个月以上的羊一般不进行药浴。

喷雾法是将药液装在喷雾器内，对羊全身及羊舍进行喷雾。

（二）驱虫

羊的寄生虫病是养羊业中最常见的多发病之一，是影响养羊生产的重大隐患，是养羊业的大敌。寄生虫病不仅影响家畜的生长发育，降低饲料的利用率，使家畜的生产性能降低，比家畜急性死亡所造成的经济损失更大，是引起羊只春季死亡的主要原因之一。

1. 驱虫方法

（1）科学用药。选购驱虫药时要遵循"高效、低毒、广谱、价廉、方便"的原则。根据不同畜禽品种，选药要正确，投药要科学，剂量要适当。当一种药使用无效或长期使用后要考虑换新的驱虫药，以免引起畜禽产生耐药性。

（2）选择最佳驱虫时间。羊只体内外的寄生虫活动具有一定规律性，要依据对寄生虫生活史和流行病学的了解，制订有针对性的方案，选择最适宜的时间进行驱虫。羊的驱虫通常在早春的2—3月和秋末的9—10月进行，羔羊最好安排在每年的8—10月进行首次驱虫。若进行冬季驱虫可将防治工作的重点由成虫转向幼虫，将虫体消灭在成熟产卵之前。由于气候寒冷，大多数的寄生虫卵和幼虫不能发育和越冬，所以冬季驱虫可以大大减少对牧草的污染，有利于保护环境，同时也预防和减少羊只再次感染的机会。

（3）必须做驱虫试验。即在小范围内小群动物体上进行驱虫试验。一般分为对照组和试验组，每组4~5头（只）。在确定药物安全可靠和驱虫效果后，再进行大群、大面积驱虫。

（4）驱虫前禁食并充足饮水。绵羊驱虫前要禁食，禁食时间不能过长，并充足饮水，防止羊口渴误饮药水。

（5）药物选择。一是预防肠道线虫一般多用盐酸左旋咪唑，口服量为每千克体重8~10毫克，肌内注射量为每千克体重7.5毫克。应在首次用药后2~3周再用药1次。二是预防绦虫一般多用氯硝柳胺（灭绦灵），口服量为每千克体重50~70毫克，投药前应停饲5~8小时。该药对羊的前后盘吸虫也有效。三是预防肺线虫常用氰乙酰肼，口服量为每千克体重 17.5 毫克，羊体重在 30 千克以上者，总服药量不得超过 0.45 千克。皮下注射量为每千克体重 15 毫克。四是肝片吸虫的驱除常用硝氯酚，口服量为每千克体重 3~4 毫克，皮下注射每千克体重 1~2 毫克。预防可用双胺苯氧乙醚，此药主要对驱除幼虫效果好，口服量为每千克体重 0.1 克。五是防治羊虱，可用 0.1%~0.5% 敌百虫水溶液进行喷雾或药浴。六是其他绵羊常见寄生虫也可按照表 3-7 进行。

表 3-7　绵羊常见寄生虫病多发季节及驱虫药

寄生虫病	多发季节	常用药物
羊螨	冬末春初	伊维菌素、磺硝酚酞
虱蚤病	常年寄生	溴氰菊酯、敌百虫、伊维菌素、阿维菌素
蜱病	春季、夏季	克虫星
羊鼻蝇	夏季、秋季	伊维菌素、阿维菌素
伤口蛆病	夏季	百合油
脑包虫	任何季节	伊维菌素、阿维菌素、吡喹酮
棘球蚴病	任何季节	吡喹酮
绦虫病	夏季、秋季	氯硝柳胺、丙硫苯咪唑、阿苯哒唑、别丁

2. 使用驱虫药物注意事项

（1）丙硫苯咪唑对线虫的成虫、幼虫和吸虫、绦虫都有驱杀作用，但对疥螨等体外寄生虫无效。用于驱杀吸虫、绦虫时比驱杀线虫时用量应大一些。有报道称，丙硫苯咪唑对胚胎有致畸作用，所以对妊娠母羊使用该药时要特别慎重，母羊最好在配种前先驱虫。

（2）有些驱虫药物，如果长期单一使用或用药不合理，寄生虫对药物产生了耐药性，有时会造成驱虫效果不好。耐药性的预防可以通过减少用药次数、合理用药、交叉用药得到解决。当对某药物产生了耐药性时，可以更换药物。

第四章 规模化羊场的建设与管理

第一节 羊场建设

一、场址选择

羊场场址的选择要有周密考虑、统筹安排和比较长远的规划，必须与农牧业发展规划、农田基本建设规划以及今后修建住宅等规划结合起来，必须适应现代化养羊业的需要。所选场址，要有发展的余地。

（一）地势高燥

肉羊场应建在地势高燥、背风向阳、地下水位较低以及具有缓坡的北高南低、总体平坦的地方。切不可建在低洼处、风口处，以免排水困难，汛期积水及冬季防寒困难。

（二）土质良好

适合建立羊场的土壤，应该是透气透水性强、毛细管作用弱、吸湿性和导热性小、质地均匀、抗压性强的土壤。其中沙壤土地区为理想的羊场场地。沙壤土透水透气性良好，持水性小，因而雨后不会泥泞，易于保持适当的干燥环境，防止病原菌、蚊蝇、寄生虫卵等生存和繁殖。同时，也利于土壤本身的自净。选择沙壤土质作为羊场场地，对羊群本身的健康、卫生防疫、绿化种植等都有好处。沙壤土土质松软，透水性强，雨水、尿液不易积聚，雨后没有硬结，有利于羊舍及运动场的清洁与卫生干燥，有利于防止蹄病及其他疾病的发生。

（三）水源充足

在肉羊肥育场的生产过程中，羊的饮用水、饲料清洗与调制、设备和用具的洗涤等，都需要大量的水。所以，建立一个羊场，必须有可靠的水源。水源应符合下列要求：水量充足、水质良好、取用方便、便于防护。既要有充足的合乎卫生要求的水源，保证生产生活及人畜饮水，又要水质良好，不含毒物，确保人畜安全和健康。

（四）草料丰富

肥育羊场应靠近大面积的饲草、作物秸秆产区。羊是反刍草食家畜，需要大量的饲草和作物秸秆。一定要选择饲草（如苜蓿）和粮食作物（尤其是玉米）种植面积较广的地区就近建场，便于运输，减少运费，降低成本。这样一方面可以充分利用作物秸秆和农副产品作为肥育羊饲料。另一方面可利用大量的羊粪尿就近还田，促进农业生态的良性循环和可持续发展。

（五）交通方便

羊场要求交通便利，特别是大型集约化肥育场，其物资需求和产品供销量极大，对外联系密切，故应保证交通方便。肥育羊和大批饲草、饲料的购入，肥育羊和粪肥的销售，运输量很大，来往频繁，有些运输要求风雨无阻，因此羊场应建在距公路或铁路较近的交通方便的地方。但为了防疫卫生，羊场与主要公路的距离至少要在200米以上（如设有围墙时可缩小到50米）。

（六）卫生防疫

羊场场地的环境及附近的兽医防疫条件的好坏是影响羊场经营成败的关键因素之一，因此建场前要对历史疫情做周密的调查研究，特别警惕附近的兽医站、畜牧场、集贸市场、屠宰场、化工厂等距拟建场地的距离、方位，有无自然隔离条件等，同时注意不要在旧养殖场上建场或扩建。远离主要交通要道、村镇工厂500米以外，一般交通道路200米以外。符合兽医卫生和环境卫生的要求，周围无传染源。

（七）节约土地

不占用基本农田地。

（八）避免地方病

地方病多因土壤、水质缺乏或过多含有某种元素而引起。地方病对羊生长和肉质影响很大，虽可防治，但势必会增加成本，故应尽可能避免。

二、规划布局

羊场的建筑应适应本地区的气候条件，要科学合理，因地制宜，就地取材，造价低廉，节省能源，节省资金，尽量为羊群创造一个稳定、舒适的小气候，以发挥最大的生产潜力。

（一）羊场的规划布局

羊场的规划设计布局原则

修建羊舍的目的是给羊创造适宜的生活环境，保障羊的健康和生产的正常运行。投入较少的资金、饲料、能源和劳动力，获得更多的畜产品和较高的经济效益。为此，肥育羊场规划布局应遵守下列几个基本原则。

（1）为羊创造适宜的环境。适宜的环境可以充分发挥羊的生产潜力，提高饲料利用率。一般来说，家畜的生产力20%取决于品种，40%～50%取决于饲料，20%～30%取决于环境。不适宜的环境温度可以使家畜的生产力下降10%～30%。此外，即使喂给全价饲料，如果没有适宜的环境，饲料也不能最大限度地转化为畜产品，从而降低饲料利用率。由此可见，修建畜舍时，必须符合家畜对各种环境条件的要求，包括温度、湿度、通风、光照以及空气中的二氧化碳、氨、硫化氢浓度，为家畜创造适宜的环境。

（2）要符合生产工艺要求，保证生产的顺利进行和畜牧兽医技术措施的实施。肉羊肥育生产工艺包括羊群的组成和周转方式、草料运送、饲喂、饮水、清粪等，也包括测量、称重、疾病防治、生产护理等技术措施。修建羊舍必须与本场生产工艺相结合。否则，必将给生产造成不便，甚至使生产无法进行。

（3）严格卫生防疫，防止疫病传播。流行性疫病对羊场会形成威胁，造成经济损失。通过修建规范羊舍，为家畜创造适宜环境，将会防止或减少疫病发生。此外，修建畜舍时还应特别注意卫生要求，以利于兽医防疫制度的执行。要根据防疫要求合理进行场地规划和建筑物布局，确定畜舍的朝向和间距，设置消毒设施，合理安置污物处理设施。

（4）要做到经济合理，技术可行。在满足以上3项要求的前提下，羊舍修建还应尽量降低工程造价和设备投资，以降低生产成本，加快资金周转。因此，畜舍修建要尽量利用自然界的有利条件（如自然通风、自然光照等），尽量就地取材，采用当地建筑施工习惯，适当减少附属用房面积。羊舍设计方案必须是通过施工能够实现的，否则方案再好而施工技术上不可行，也只能是空想的设计。

（5）因地制宜，合理利用地形地势。利用地形地势解决挡风防寒、通风防热、采光等。根据地势的高低、水流方向和主导风向，按人、羊、污的顺序，将各种房舍和建筑设施按其环境卫生条件的需要给予排列（图4-1）。并考虑人的工作环境和生活区的环境保护，使其尽量不受饲料粉尘、粪便气味和其他废弃物的污染。有效地利用原有道路、供水、供电线路以及原有建筑物等，以创造最有利的羊场环境、卫生防疫条件和生产联系，并为实现生产过程机械化、提高劳动生产率、减少投资、降低成本创造条件。

图4-1 羊场各区依地势风向配置示意

（6）应充分考虑今后的发展，在规划时要留有余地，对生产区的规划更应注意。

（二）场区各种建筑物的规划布局

　　羊场场区规划应本着因地制宜和科学饲养的要求，合理布局，统筹安排。场地建筑物的配置应做到紧凑整齐，提高土地利用率，供水管道节约，有利于整个生产过程，便于防火灭病，并注意防火安全。在羊场总体规划布局时，通常分为生产区和辅助生产区、供应区、办公区、生活区、病羊管理区及粪便污水处理区。布局时既要考虑卫生防疫条件，又要照顾各区间的相互联系。因此，在羊场布局上要着重解决主导风向、地形和各区建筑物之间的距离问题。

　　生产区是全场的主体，主要是羊舍、运动场、积粪场等，应设在场区地势较低的位置，要能控制场外人员和车辆，使之完全不能直接进入生产区，要保证最安全、最安静。各羊舍之间要保持适当距离，布局整齐，以便防疫和防火。但也要适当集中，节约水电线路管道，缩短饲草、饲料及粪便运输距离，便于科学管理。生产辅助区包括饲料库、饲料加工车间、青贮池、机械车辆库、干草棚等。饲料库、干草棚、加工车间和青贮池，距羊舍要近一些，位置适中一些，便于车辆运送草料，减小劳动强度。但必须防止羊舍和运动场因污水渗入而污染草料。所以，一般都应建在地势较高的地方。

　　生产区和辅助生产区要用围栏或围墙与外界隔离。大门口设立门卫传达室、消毒室、更衣室和车辆消毒池，严禁非生产人员出入场内，出入人员和车辆必须经消毒室或消毒池进行消毒。如本地区的主风向是北风，则羊场应设在南边。生产区入口处必须设置洗澡间和消毒池。在生产区内应按规模大小、饲养批次的不同，将其分成几个小区，各小区之间应相隔一定的距离。

羊舍一端应设专用粪道与处理场相通，用于粪便和脏污设备等的运输。人行与运输饲料应有专门的清洁道，两道不要交叉，更不能共用，以利于羊群健康。

对于自繁自养的肥育羊场，羔羊舍和育成羊舍设在羊场的上方向，远离成年羊舍，以防感染疾病。育成羊舍安排在羔羊舍和成年羊舍之间，便于转群。公羊舍可和配种室或人工授精室结合在一起。在羊场的整体布局时还要考虑到发展的需要，留有余地。

饲料供应和办公区应设在与风向平行的一侧，距离生产区 80 米以上。生活区应设在场外，距办公区和供应区 100 米以外。

兽医室、病羊舍、隔离舍、粪便污水处理区应设在下风口或地势较低的地方，应与生产区距离 100 米以上。病羊区应便于隔离，单独通道，便于消毒，便于污物处理等。但有时由于实际条件的限制，操作起来十分困难，可以通过种植树木，建阻隔墙等防护措施加以弥补。

良好的羊场环境有益于羊群的健康。羊场场区的绿化也应纳入羊场规划布局之中。绿化对美化环境，改善小气候，净化空气，吸附粉尘，减弱噪声有积极的作用。良好的场区绿化，夏季可降低辐射热，冬季可阻挡寒流袭击。

羊场建筑布局可参考图 4-2。

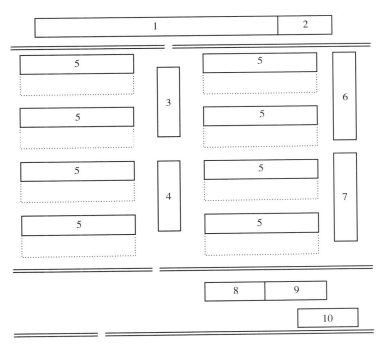

图 4-2　羊场建筑布局示意

　　1. 宿舍及办公室；2. 车库；3. 料库；4. 饲料调制间；5. 羊舍；6. 青贮池；7. 草垛；8. 兽医室；9. 病羊隔离室；10. 储粪场

三、羊舍建筑

(一) 羊舍设计的基本参数

1. 羊舍面积及运动场大小

羊舍应有足够的面积，使羊在舍内不拥挤，可以自由活动。羊舍过小时，羊群拥挤，舍内潮湿、空气混浊，有碍羊的健康生长和肥育效果，并且饲养管理也不方便。舍饲羊除有足够的羊舍面积外，还需有足够的运动场地，以保证羊一定的舍外运动，有利于增强羊的体质。羊舍面积也不宜过大，否则，不利于防寒保温。肥育羊舍可不设运动场，羊舍面积一般为 0.7~1.2 平方米/只。

2. 羊舍温度和湿度

冬季舍温最低应保持在 5℃ 以上，夏季舍温不应超过30℃。最适宜温度为 10~25℃。羊舍应保持干燥，地面不能太潮湿，空气相对湿度应低于 70%。

对于封闭式羊舍，必须具备良好的通风换气性能，能及时排出舍内污浊空气，保持空气新鲜。

3. 采光

采光面积通常是由羊舍的高度、跨度和窗户的大小决定的。在气温较低的地区，采光面积大有利于通过吸收阳光来提高舍内温度，而在气温较高的地区，过大的采光面积不利于避暑降温。实际设计时，应按照既利于保温又便于通风的原则灵活掌握。

4. 长度、跨度和高度

羊舍的长度、跨度和高度应根据所选择的建筑类型和面积确定。羊舍的跨度一般不宜过宽，单坡式羊舍跨度一般为5~6 米，双坡单列式羊舍为 6~8 米，双列式为 10~12 米；羊舍檐口高度一般为 2.5 米。

羊舍的长度没有严格的限制，但考虑到设备安装和工作方便，一般以 50~80 米为宜。羊舍长度和跨度除要考虑羊只所占面积外，还要考虑生产操作所需要的空间。

羊舍高度根据气候条件有所不同。跨度不大、气候不太炎热的地区，羊舍不必太高，一般从地面到天棚的高度为 2.5 米左右；对于跨度大、气候炎热的地区可增高至 3 米左右；对于寒冷地区可适当降低至 2 米左右。

5. 门、窗

一般门宽 2.5~3.0 米，高 1.8~2.0 米。设双扇门，便于大车进入清扫羊粪。按 200 只羊设一大门。寒冷地区在保证采光和通风前提下应少设门，在大门外可安装套门。窗一般宽 1.0~1.2 米，高 0.7~0.9 米，窗台距地面 1.3~1.5 米。

（二）羊舍建造的基本要求

1. 地面

羊舍地面是羊躺卧休息、排泄和生产的地方。地面的保暖和卫生状况很重要。羊舍地面有实地面和漏缝地面 2 种类型。实地面又以建筑材料不同分为夯实黏土、三合土（石灰：碎石：黏土为 1：2：4）、砖地、木质地面等。黏土地面易于去表换新，造价低廉，但容易潮湿和不便消毒，干燥地区可采用。三合土地面较黏土地面好。砖地和木质地面保暖，也便于清扫与消毒，但成本高，适合于寒冷地区。饲料间、人工授精室可用水泥地面或砖地面，以便消毒。漏缝地面能给羊提供干燥的卧地。漏缝地面要求材料必须结实，厚薄一致，木条间隙 1~1.5 厘米。

2. 墙壁

羊舍的墙壁应坚固、耐久、抗震、耐水、防火，应结构简单、便于清扫、消毒，同时应有良好的保温与隔热性能。

墙壁的结构、厚薄及多少主要取决于当地的气候条件和羊舍的类型。气温高的地区，可以建造简易的棚舍或半开放式羊舍；气温低的地区，墙壁要有较好的绝热能力，可以用加厚墙、空心砖墙或在中间充稻糠、麦秸之类的隔热材料。

3. 屋顶和天棚

屋顶兼有防水、保温、承重 3 种功能，正确处理三方面的关系对羊舍环境控制极为重要。屋顶材料有彩钢瓦、陶瓦、石棉瓦、木板、塑料薄膜、油毡等。屋顶的种类繁多，在羊舍建筑中常采用双坡式，但也可以根据羊舍实际情况和当地的气候条件采用半坡式、平顶式、联合式、钟楼式、半钟楼式等。单坡式羊舍，跨度小，自然采光好，适用于小规模羊群和简易羊舍；双坡式羊舍，跨度大，保暖能力强，但自然采光、通风差，适合于寒冷地区，也是最常用的一种类型。在寒冷地区还可选用平顶式、联合式等类型，在炎热地区可选用钟楼式和半钟楼式。

在寒冷地区可加天棚，其上可贮存冬草，增强羊舍保温性能。

（三）羊场的类型

1. 舍饲羊场

一般按屋顶的样式分为单坡式、双坡式。按羊舍墙壁分为敞棚式、开敞式、半开敞式、封闭式。按羊床在羊舍内的排列分为单列式和双列式。

（1）单坡式羊舍。一般多为单列开敞式羊舍，由三面围墙组成，设有饲槽和走廊，在北面墙上开有小窗。多利用羊舍南面空地作运动场。此类型羊舍采光好、空气流通好、造价低。缺点是舍内温度、湿度不易控制，常随舍外气温和湿度的变化而变化，但由于三面有墙，冬季可减轻寒风的侵袭。

（2）双坡式羊舍。羊舍内羊床排列为双列式或多列式，羊体排列为对头式或对尾式。可以是四面无墙的敞棚式，也可以是开敞式、半开敞式或封闭式。食槽均设在舍内。

敞棚式羊舍适合于气候较温和的地区。开敞式羊舍在北、东、西三面垒墙和设门窗，以防冬季寒风侵袭，如果在南面垒半墙即为半开敞式羊舍。封闭式羊舍适合于较寒冷的地区，所建羊舍四边均有墙，以利于冬季防寒，但应注意夏季通风、防暑。

（3）塑料暖棚。在我国北方冬季寒冷、无霜期短的地区，可将敞棚式或半开敞式羊舍用塑料薄膜封闭敞开部分，利用阳光热能和羊自身体温散发的热量提高舍内温度，实现暖棚养羊。这是一种更为经济合理、灵活机动、方便实用的棚舍结合式羊舍。羊舍可以原有三面墙的敞棚圈舍为基础，在距棚前檐 2~3 米处筑一高 1.2 米左右的矮墙。矮墙中部留约 2 米宽的舍门，矮墙顶墙与棚檐之间用木杆或木框支撑，上面覆盖塑料薄膜，用木条加以固定。薄膜与棚檐和矮墙的连接处用泥土紧压。在东、西两墙距地面 1.5 米处各留一可关可开的进气孔，在棚顶最高处也留两个与进气孔大小相当的可调节排气窗。在北方冬季气温降至 0~5℃时，暖棚式羊舍棚内温度可较棚外提高 5~10℃；气温降至 -30~-20℃时，棚内可较棚外提高 20℃左右。羊舍充分利用了白天太阳能的蓄积和羊体自身散发的热量，提高夜间羊舍的温度，使羊只免受风雪严寒的侵袭。使用农膜暖棚养羊，要注意在出牧前打开进气孔、排气窗和舍门，逐渐降低室温，使舍内外气温大体一致后再出牧。待中午阳光充足时，关闭舍门及进、出气口，提高棚内温度。

2. 露天式羊场

露天式肉羊肥育场可分为 3 种形式：①无任何挡风屏障或羊棚的全露天式肥育场；②仅有挡风屏障的全露天式肥育场；③有简易棚的露天式肥育场。根据饲养方式还可分为散放式露天肥育场和拴系式露天肥育场。露天肥育场每头羊占地 4~5 平方米。在美国中西部气候条件下试验发现，饲养在露天肥育场的肉羊比有棚的增重慢 12%，饲料成本高 14%，露天式肥育场适宜机械化喂料，食槽设在肥育场任意一侧，中心部位设凉棚。

四、附属设施

（一）草架

羊爱清洁、喜吃干净饲草，利用草架喂羊，可避免羊践踏饲草，减少浪费。草架的形式有多种，有靠墙固定单面草架和"⌒"形两面联合草架，有的地区还利用石块砌槽、水泥勾缝、钢筋作隔栅，修成草料双用槽架。草架隔栅间距以羊头能伸入栅内采食为宜，一般宽 15~20 厘米。

（二）饲槽

用于舍饲或补饲用，有固定水泥槽和移动木槽 2 种。

1. 固定式水泥槽

由砖、土坯及混凝土砌成。槽体高 23 厘米，槽内径宽 23

厘米，深 14 厘米，槽壁应用水泥砂浆抹光。槽长依羊只数量而定，一般羔羊按 20 厘米/只计算。这种饲槽施工简便，造价低廉，既可阻止羊只跳入槽内，又不妨碍羊采食添草、撒料、拌料、清扫等，值得推广应用。

2. 移动式木槽

用厚木板（或其他材料也可）钉成，制作简单，便于携带。长 1.5~2 米，上宽 35 厘米，下宽 30 厘米。

（三）分羊栏

分羊栏可在羊分群、鉴定、防疫、驱虫、测重、打号等生产技术性活动中使用。分羊栏由许多栅板联结而成。羊群的入口处为喇叭形，中部为一小通道，可容许羊单行前进。沿通道一侧或两侧，可根据需要设置 3~4 个向两边开门的小圈，从而可以把羊群分成所需要的若干小群。

（四）药浴池

为了防治疥癣及其他体外寄生虫，要定期给羊群药浴。药浴池一般用水泥筑成，形状为长形沟状。池深约 1 米，长 10 米左右，底宽 30~60 厘米，上宽 60~100 厘米，以 1 只羊能通过而不能转身为度。药浴池入口端呈陡坡，在出口端筑成台阶，以便羊只行走。在入口一端设有围栏，羊群在内等候入浴，出口一端设滴流台。羊出浴后，在滴流台上停留一段时间，使身上的药液流回池内。滴流台用水泥修成。在药浴池旁安装炉灶，以便烧水配药。在药浴池附近应有水源。

（五）粪尿污水池和贮粪场

羊舍和污水池、贮粪场应保持 200~300 米的公共卫生间距。粪尿污水池的大小应根据每头羊每天平均排出的粪尿量和冲污污水量多少而定。

（六）消毒池

一般在羊场或生产区入口处，便于人员和车辆通过时消毒。消毒池常用钢筋水泥浇筑，供车辆通行的消毒池，长4米、宽3米、深0.1米；供人员通行的消毒池，长2.5米、宽1.5米、深0.05米。消毒液应维持经常有效。人员往来在场门两侧应设紫外线消毒走道。

第二节　生产管理

一、组织管理

规模化羊场需要分工明确的组织架构，具有严格的岗位定编及责任分工，实行场长负责制，层层管理，分工明确，下级服从上级，重点工作协作进行。一般规模化羊场的责任分工见图4-3。

二、饲料生产计划

饲料生产计划是饲料计划中最主要的计划，羊场对饲料的生产、采集、加工、贮存和供应必须保证有一套有效的计划。饲料的供应计划主要包括制定饲料定额、各种羊只的日粮标准、饲料的留用和管理、青饲料的生产和供应、组织饲料的采购与贮存以及饲料加工配合等。为保证此计划的完成，

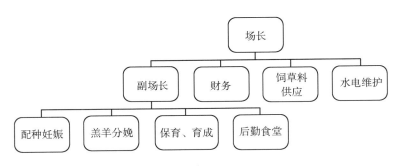

图 4-3 规模化羊场组织架构示意

各项工作和各个环节都应制度化，做到有章可循、按章办事。要对全年基础性饲料的生产加工有一个初步计划，以防养殖过程中断料和造成加工浪费。全年饲料用量以羊群数量和不同生理时期羊干物质需要量估算，储存量可在估算量的基础上增加 10%。精饲料不宜购买过多，交通条件好、购买方便的羊场一次购入 2 个月左右的用量即可，交通条件差、购买不方便的场可一次多购一些。

三、防疫计划

羊场防疫计划是指一个日历年度内对羊群疫病防治所做的预先安排。疾病防治工作的方针是"预防为主，防治结合"。为此，要建立一套综合性的防疫措施和制度，包括羊群的定期检查、羊舍消毒、各种疫苗的定期注射、病羊的治疗与隔离等。设立专门的病畜隔离和治疗区；建立奖罚制度，做到对疾病的防治人人有责，各负其责。

（一）消毒

羊只的圈舍要清理后铺撒生石灰，用2%福尔马林或2%氢氧化钠对羊舍、饲槽及周围环境进行消毒，定期对羊只进行带体消毒；场门口要设生石灰池，对进出场区的车辆进行消毒。消毒工作应当定期由专人负责，选择对羊群生长无毒害作用的消毒剂，在保证羊群生长环境和人类生活环境健康的基础上，开展消毒工作。另外，针对不同的消毒对象，采用不同的消毒方法和消毒药物。一般每周消毒1次，有疫病发生时每周应保证至少3次。

（二）免疫

养羊场应当向县动物防疫监督机构实行疫情周报告制，有助于及时发现疫病，并且及时采取有效的控制措施，将疫情控制在最小的范围内，降低养殖户的经济损失，促进养羊业的健康发展。免疫接种工作不是盲目进行的，而是要根据羊只的实际体质、年龄和患病史等进行全面的分析后，针对不同的羊只开展的相对应的疫苗接种计划，有利于提高免疫效果。

（三）驱虫

针对不同的寄生虫生长周期，按照每年、每季的频率进行驱虫。为了有效驱虫，需要定期进行药浴，选择高效、低毒的药物进行稀释，在晴朗的天气为羊群做药浴。

四、环境保护

羊场在为市场提供优质羊产品的同时，也会产生大量的粪、尿、污水、废弃物和有害气体。其中固体废弃物量较大，是羊场环境保护工作的重点和关键。对于养羊的排泄物及废弃物，如果控制与处理不当，对环境及产品将造成污染。为此在建设羊场时，要进行羊场的绿化，注意污物处理设施的建设，同时做好长期的环境保护工作。

（一）羊场的绿化

1. 羊场绿化的必要性

羊场绿化的生态效益是非常明显的，主要体现在以下几个方面。

（1）有利于改善场区小气候。羊场绿化可以明显地改善场内的温度、湿度、气流等状况。在高温时期，树叶的蒸发能降低气温，也增加了空气中的湿度，同时也显著降低了树荫下的辐射强度。一般在夏季的树荫下，气温较树荫外低$3 \sim 5 ℃$。

（2）有利于净化空气。羊场羊的饲养量大，密度高，羊舍内排出的二氧化碳也比较集中，还有一定量的氨等有害气体一起排出，经绿化的羊场能净化这些气体。据报道，每公顷阔叶林在生长季节每天可以吸收约 1 000 千克的二氧化碳，生产约 730 千克的氧，而且许多植物还能吸收氨。

（3）有利于减少尘埃。在羊场内及其四周，如种植有高大的树木，它们所形成的林带，能净化大气中的粉尘。当含尘量很大的气流通过林带时，由于风速降低，可使大粒灰尘下降，其余的粉尘及飘尘可被树木枝叶滞留或为黏液物质及树脂所吸附，使空气变得洁净。草地的减尘作用也很显著，除可吸附空气中的灰尘外，还可固定地面上的尘土。

（4）有利于减弱噪声。树木与植被对噪声具有吸收和反射的作用，可以降低噪声的强度。树叶的密度越大，减音的效果也越显著。

（5）有利于减少空气及水中的细菌量。树林可以使空气中含尘量大为减少，因而使细菌失去了附着物，数目也相应减少。同时，某些树木的花、叶能分泌一种芳香物质，可以杀死细菌、真菌等。

（6）有利于防疫。羊场外围的防护林带和各区域之间种植的隔离林带，可以起到防止人畜任意往来的作用，因而可以减少疫病传播的机会。

2. 羊场的合理绿化

场界周边可设置林带。在场界周边种植乔木和灌木混合林带，特别是在场界的北、西两侧，应加宽这种混合林带（宽10米以上），以起到防风阻沙的作用。

场区内绿化主要采取办公区绿化、道路绿化和羊舍周围绿化等几种方式。场区隔离林带，用于分隔场内各区。办公区绿化主要种植一些花卉和观赏树木。场内外道路两旁的绿化，一般种植1~2行，而且要妥善定位，在靠近建筑物的采光地段，不应种植枝叶过密、过于高大的树种，以免影响羊舍的自然采光。道路绿化，主要种植一些高大的乔木，如梧桐、白杨等，而且要妥善定位，尽量减少遮光。羊舍周围绿化，主要种植一些灌木和乔木。运动场遮阴林，在运动场南侧及西侧，设1~2行遮阴林，起到夏季遮阴的作用。

运动场及圈舍周围种植爬藤植物，可以营建绿色保护屏障。地锦（又名爬山虎）属多年生落叶藤本植物，从夏季防暑降温的角度考虑，可以在运动场及圈舍周围种植该种植物。为了防止羊只啃食，可以在早春季节先种植于花盆，然后移至运动场及圈舍围墙上。

一般要求养羊场场区的绿化率（含草坪）达到40%以上。

（二）羊粪的合理利用

1. 农牧结合与粪肥还田

对于羊场产生的羊粪、污水等废弃物，要按照减量化、资源化和无害化的原则进行处理，经发酵后作为有机肥供给种植业生产。

羊粪尿主要成分易于在环境中分解。经土壤、水和大气等物理、化学过程及生物分解，稀释和扩散，逐渐得到净化，并通过微生物、植物的同化和异化作用，又重新形成植物体成分。

羊场的固体废物主要是羊粪。羊舍的粪便需要每日及时清除，然后用粪车运出场区。羊粪的收集过程必须采取防扬散、防流失、防渗漏等工艺。要求建立贮粪场和贮粪池，这些贮粪设施需要经过水泥硬化处理，目的在于防止渗漏造成环境污染。所需贮粪池面积按贮放 6 个月堆入高 1.5 米计，每只成年羊为 0.4 平方米。贮粪池深 1 米左右，长、宽尺寸依据具体情况灵活掌握。对于羊粪的贮存，要防止雨淋而产生污水，在非用肥季节最好以塑料薄膜覆盖，以减少不良气体产生和苍蝇滋生。

实行羊粪还田，是一种良性生态循环的农牧结合模式，是生态农业的发展方向。具体模式是种草养畜，草畜配套，养羊积肥，以羊促草。这种发展模式，减少了规模养羊的环境污染；粪便通过发酵利用，可以减少寄生虫卵和病原菌对人畜的危害，还可以减少粪便中杂草籽对种植业的不良影响，实现了良好的经济效益和生态效益。

2. 制作有机肥

对于一些生产水平较高的示范性羊场，可以采用简易的设备建立复合有机肥加工生产线，使羊粪经过不同程度的处理，有机质分解、腐化，生产出高效有机肥等产品。对于一般的羊场，可以采用堆肥技术，使羊粪经过堆腐发酵，杀灭病原微生物及寄生虫卵，也可以减少有害气体产生。

（1）堆肥处理技术。从卫生学观点和保持肥效等方面考虑，堆肥发酵后再利用比使用生粪好。堆肥的优点是技术和设施简单，使用方便，无臭味；同时，在堆制过程中，由于有机物的降解，堆内温度持续 15～30 天，达到 50～70℃，可杀死绝大部分病原微生物、寄生虫卵，而且腐熟的堆肥属迟效肥料，对牧草及作物使用安全。

堆肥的具体方法如下。

场地：水泥地或铺有塑料膜的地面，也可在水泥槽中。

堆积体积：将羊粪堆成长条状，高不超过 1.5～2 米，宽不超过 1.5～3 米，长度视场地大小和粪便多少而定。

堆积方法：先比较疏松地堆积一层，待堆温达到 60～70℃后保持 3～5 天（或者待堆温自然稍降后），将粪堆压实，再堆积一层新鲜粪。如此层层堆积至 1.5～2 米为止，用泥浆或塑料膜密封。

中途翻堆：为保证堆肥的质量，含水量超过 75% 时应中途翻堆，含水量低于 60% 时，最好泼水，满足一定的水分要求，从而有利于发酵处理效果。

启用：密封 3~6 个月时启用。

（2）羊粪制成颗粒肥料或制作成液体肥。颗粒肥料是将发酵后的有机肥通过机器设备制成颗粒。制作液体圈肥的方法是，将生的粪尿混合物置于贮留罐内经过搅拌，通过微生物的分解作用，变成腐熟的液体肥料。这种液体肥料对作物是安全的，在配备有机械喷灌设备的地区，液体粪肥较为适用。

（三）减少污水排放量

废水主要指生产废水和生活污水。生产废水主要来源于各类羊舍的废水，因可能含有病原微生物而被视为污染源。生活污水的主要来源有行政办公区、消毒更衣室的生活用水和厕所产生的污水等。

羊场应采用干法清粪，实现粪尿等的干湿分离，减少生产用水浪费，从而减少污水的产水量。

对于楼式羊舍，羊舍内的粪便由漏缝地板漏入羊舍下方的贮粪池，经冲洗粪水入专门的贮污池。

运动场内的羊粪要做到每天清扫后送走，避免雨水冲刷后产生大量污水。

污水排放采用雨污分流，雨水采用专用沟组织排水。一般来说，在羊舍建造时就应考虑到在屋顶设置天沟，这样可以通过天沟将雨水引入羊舍的排水管，然后流到排水沟。

在场内修建污水处理池。粪水在池内静止可使 50%~85% 的固形物沉淀，处理池应大而浅，但其水深不小于 0.6 米，最大深度不超过 1.2 米。修建时采用水泥硬化，最好先使用防渗漏材料。羊舍及场内所产生的污水主要是尿液及粪便冲洗污水，经收集系统收集后，排入场内的污水处理池，经过二级或三级沉淀、自然发酵后排入周边农田或果园。

（四）废气处理

羊场的废气一是来源于羊场圈舍内外和粪堆、粪场周围的空间，粪污中的有机物经微生物分解产生的恶臭以及有害气体；另一来源是羊舍排放的污浊气体。羊场废气的恶臭除直接或间接危害人畜健康外，还会使羊的生产力降低，使羊场周围生态环境恶化。

在管理上采用及时清粪并保持粪便干燥，以减少废气产生量。可利用自然通风使其排出。

对于场内羊粪的处理，建立封闭式粪便处理设施是必要的，这样可以减少有害气体的产生及有害气体的逸散。附设加工有机肥厂的羊场，发酵处理间的粪便加工过程中形成的恶臭气体可以集中在排气口处进行脱臭处理。

五、计算机信息管理

我国肉羊生产正在建立包括品种良种化、生产集约化、管理现代化，实现高产高效的新型肉羊生产体系。大规模羊场的生产经营，羊只数量大而且管理任务繁杂，用传统的人工管理已不能适应要求，只有使用计算机才能进行科学有效的管理。为了适应养羊业的快速发展，满足养羊生产需求，羊生产场可利用计算机信息管理系统，实行全自动化管理，提高管理水平（图4-4）。

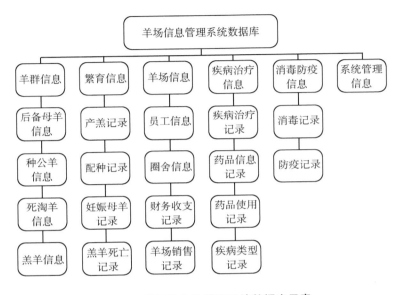

图 4-4　羊场信息化管理系统数据库示意

第五章 疾病防治

第一节 羊病防治基本技术

一、卫生防疫措施

羊病防治必须坚持"预防为主"的方针，采取加强饲养管理、搞好环境卫生、开展防疫检疫、定期驱虫、预防中毒等综合性防治措施，将饲养管理工作和防疫工作紧密地结合起来，以取得防病灭病的综合效果。

（一）加强饲养管理，增进羊体健康

加强饲养管理、科学喂养、精心管理、增强羊只抗病能力是预防羊病发生的重要措施。饲料种类力求多样化并合理搭配与调制，使其营养丰富全面，改善羊群饲养管理条件，提高饲养水平，使羊体质良好，能有效地提高羊只对疾病的抵抗能力，特别是加强正在发育的幼龄羊、妊娠期和哺乳期的成年母羊的饲养管理尤其重要。各类型羊要按饲养标准合理配制日粮，使之能满足羊只对各种营养元素的需求。

（二）搞好环境卫生

养羊环境卫生的好坏与疫病的发生有密切关系。环境污秽，有利于病原体的滋生和疫病的传播。因此，羊舍、羊圈、场地及用具应保持清洁、干燥，每天清除圈舍、场地的粪便及污物，将粪便及污物堆积发酵，30 天左右可作为肥料使用。

羊的饲草应当保持清洁、干燥，不能用发霉的饲草、腐烂的粮食喂羊；饮水也要清洁，不能让羊饮用污水和冰冻水；注意防寒保暖及防暑降温工作。

老鼠、蚊、蝇等是病原体的宿主和携带者，能传播多种传染病和寄生虫病。应当清除羊舍周围的杂物、垃圾及乱草堆等，填平死水坑，认真开展杀虫灭鼠工作。

（三）严格执行检疫制度

检疫是应用各种诊断方法（临床的、实验室的），对羊及其产品进行疫病（主要是传染病和寄生虫病）检查，并采取相应的措施，以防止疫病的发生和传播。为了做好检疫工作，必须有一定的检疫手续，以便在羊流通的各个环节中，做到层层检疫，环环扣紧，互相制约，从而杜绝疫病的传播蔓延。羊从生产到出售，要经过出入场检疫、收购检疫、运输检疫和屠宰检疫，涉及外贸时，还要进行进出口检疫。出入场检疫是所有检疫中最基本、最重要的检疫，只有经过检疫且未发现疫病时，方可让羊及其产品进场或出场。羊场或养羊专业户引进羊时，只能从非疫区购入，经当地兽医检疫部门检疫，并签发检疫合格证明书；运抵目的地后，再经本场或专业户所在地兽医验证、检疫并隔离观察 1 个月以上，确认为健康羊只并进行驱虫、消毒，没有注射过疫苗的还要补注疫苗，方可混群饲养。

（四）有计划地进行免疫接种

根据当地传染病发生的情况和规律，有针对性地、有组织地做好疫苗注射防疫，是预防和控制羊传染病的重要措施之一。

（五）做好消毒工作

定期对羊舍、用具和运动场等进行预防消毒，是消灭外界环境中的病原体、切断传播途径、防治疫病的必要措施。注意及时清扫粪便，进行堆积、密封发酵，杀灭粪便中的病原菌和寄生虫或虫卵。

1. 羊舍消毒

一般分 2 个步骤进行：第一步先进行清扫；第二步用消毒液消毒。消毒液的用量，以羊舍内每平方米面积用 1 升药液计算。常用的消毒药有 10%～20% 石灰乳和 10% 漂白粉溶液。消毒方法是将消毒液盛于喷雾器内，先喷洒地面，然后喷墙壁，再喷天花板，最后再打开门窗通风，用清水刷洗饲槽、用具，除去消毒药味。在一般情况下，每年可进行 2 次（春季、秋季各 1 次）。产房的消毒，在产羔前应进行 1 次，产羔高峰时进行多次，产羔结束后再进行 1 次。在病羊舍、隔离舍的出入口处应放置浸有消毒液的麻袋片或草垫，消毒液可用 2%～4% 氢氧化钠（针对病毒性疾病）或 10% 柯辽林溶液。

2. 地面土壤消毒

土壤表面消毒可用含 2.5% 有效氯的漂白粉溶液、40% 福尔马林或 10% 氢氧化钠溶液。停放过芽孢杆菌所致传染病

（如炭疽病）病羊尸体的场所，应严格加以消毒。首先用上述漂白粉溶液喷洒地面，然后将表层土壤掘起30厘米左右，撒上干漂白粉，并与土混合，将此表土妥善运出掩埋。其他传染病所污染的地面土壤，则可先将地面翻一下，深度约30厘米，在翻地的同时撒上干漂白粉（用量为每平方米面积0.5千克）；然后以水洇湿，压平。如果放牧地区被某种病原体污染，一般利用自然因素（如阳光）来消除病原微生物；如果污染的面积不大，则应使用化学消毒药消毒。

3. 粪便消毒

羊粪便的消毒方法有多种，最实用的方法是生物热消毒法，即在距羊场100~200米的地方设一堆粪场，将羊粪堆积起来，上面覆盖10厘米厚的沙土，堆放发酵30天左右，即可用作肥料。

4. 污水消毒

最常用的方法是将污水引入污水处理池，加入化学药品（如漂白粉或生石灰）进行消毒。消毒药的用量视污水量而定，一般每升污水用2~5克漂白粉。

5. 皮毛消毒

患炭疽病、口蹄疫、布鲁氏菌病、羊痘、坏死杆菌病等的羊皮羊毛均应消毒。发生炭疽病时，严禁从尸体上剥皮。对皮毛消毒目前广泛利用环氧乙烷气体消毒法。消毒时必须在密闭的专用消毒室或密闭良好的容器（常用聚乙烯或聚氯乙烯薄膜制成的篷布）内进行。此法对细菌、病毒、真菌均有良好的消杀效果，对皮毛等产品中的炭疽杆菌芽孢也有较好的消毒作用。

（六）组织定期驱虫、药浴

羊寄生虫病发生较普遍。病羊轻者生长迟缓、消瘦、生产性能严重下降，重者可危及生命，所以养羊生产中必须重视驱虫、药浴工作。驱虫可在每年的春、秋两季各进行 1 次，药浴则于每年剪毛后 10 天左右彻底进行 1 次，这样即可较好地控制体内外寄生虫病的发生。

预防性驱虫所用的药物有多种，应视疾病的流行情况选择应用。丙硫咪唑（丙硫苯咪唑）具有高效、低毒、广谱的优点，对羊常见的胃肠道线虫、肺线虫、肝片吸虫和绦虫均有效，可同时驱除混合感染的多种寄生虫，是较理想的驱虫药物。目前使用较普遍的阿维菌素、伊维菌素对体内和体外寄生虫均可驱除。使用驱虫药时，要求剂量准确。驱虫过程中发现病羊，应进行对症治疗，及时救治出现毒副作用的羊。

（七）预防毒物中毒

某种物质进入机体，在组织与器官内发生化学或物理化学的作用，引起机体功能性或器质性的病理变化，甚至造成死亡，此种物质称为毒物；由毒物引起的疾病称为中毒。

在羊的饲养过程中，不喂含毒植物的叶茎、果实、种子；不在生长有毒植物的区域内放牧或实行轮作。不饲喂霉变饲料，饲料喂前要仔细检查，如果发霉变质，应废弃不用；注意饲料的调制、搭配和贮藏。有些饲料本身含有有毒物质，饲喂时必须加以调制。如棉籽饼经高温处理后可除去大部分毒素，减毒后再按一定比例同其他饲料混合搭配饲喂，就不会发生中毒。有些饲料（如马铃薯）若贮藏不当，其中的有毒物质会大量增加，对羊有害，因此应贮存在避光的地方，防止变青发芽，饲喂时也要同其他饲料按一定比例搭配。

另外，对其他有毒药品如灭鼠药、农药及化肥等的保管及使用也必须严格，以免羊接触发生中毒事故。喷洒过农药和施有化肥的农田排水，不应作饮用水；工厂附近排出的水或池塘内的死水，也不宜让羊饮用。

（八）发生传染病时及时采取措施

羊群发生传染病时，应立即采取一系列紧急措施，就地扑灭，以防止疫情扩大。兽医人员要立即向上级部门报告疫情，同时要立即将病羊和健康羊隔离，避免任何接触，以防健康羊只受到传染；对于发病前与病羊有过接触的羊（虽然在外表上看不出有病，但有被传染的嫌疑，一般叫作"可疑感染羊"），不能再同其他健康羊一起饲养，必须单独圈养，经过20天以上的观察不发病，才能与健康羊合群；如有出现病状的羊，则按病羊处理。对已隔离的病羊，要及时进行药物治疗；隔离场所禁止人畜出入和接近，工作人员出入应遵守消毒制度；隔离区内的用具、饲料、粪便等，未经彻底消毒，不得运出；没有治疗价值的病羊，由兽医根据国家规定进行严密处理；病羊尸体要严格处理，视具体情况，或焚烧，或深埋，不得随意抛弃。对健康羊和可疑感染羊，要进行疫苗紧急接种或用药物进行预防性治疗。如发生小反刍兽疫、口蹄疫等急性烈性传染病时，应立即报告有关部门，划定疫区，采取严格的隔离封锁措施，并组织力量尽快扑灭。

二、羊病的诊断

羊患病后，其精神状态、放牧采食、休息情况及粪便等都有些异常，应细致观察，及时发现病羊，以免延误病情。健康羊两眼有神，神态安详，姿势自然，动作敏捷，被毛光泽整洁，呼吸平稳，食欲旺盛，咀嚼有力。患病羊往往精神沉郁、两眼无神、动作迟缓、被毛粗乱、呼吸困难或衰竭、磨牙、食欲不振、咀嚼无力等。

健康羊放牧或运动时喜欢结群，争先采食，一般奔走的速度一致，对牧工的口号反应敏感。病羊常落在羊群后独处，并经常有停食、呆立或卧地不起现象。

健康羊休息时卧地姿势自然，卧下时右侧腹部着地，呈斜卧姿态，前后肢曲于腹下或左后肢向左侧伸出，头颈抬起，有规律地反刍并时有嗳气发生。当人接近时，立即起立躲避。病羊常常挤在一起，四肢曲于腹下，头颈向腹部弯曲，反刍停止或减少，人走近时不避开。有时病羊不卧下休息，满圈奔走并在墙壁或圈门上摩擦其头部或体躯。

健康羊饮水正常，粪便呈固有的形状，落地后互不黏结，一般夏、秋季呈黑绿色，冬季呈黑褐色。病羊粪便或干或稀，便秘时粪球变得干硬，颜色变黑，量少，并伴有排便困难，便稀时粪便呈稀粥样或稀水状，颜色呈黄色或灰白色，恶臭，粪内常混有黏膜液或血丝，尾部及后肢污染有粪便，这可能是由胃肠炎或寄生虫病所致。

三、羊病的检查

对病羊应全面了解草料和饮水情况，了解预防注射及驱虫、药浴情况，掌握圈舍及其周围环境情况，掌握放牧、运动、舍饲的规律和天气变化，了解羊群附近地区以往疫病发生以及防治经过。仔细观察病羊的体格、发育、营养状况、精神状态、姿势体态及运动与行为等，注意采食、咀嚼、吞咽、反刍、呼吸等有无异常。检查皮肤弹性及被毛状况，检查眼结膜的颜色变化，观察眼、口、鼻、耳、肛门、阴门等天然孔有无异常分泌物。经过观察，发现病羊可做进一步细致检查。

（一）体温测定

测定体温是临床上重要的常规检查之一，体温的变化常作为诊断疾病的一种重要依据。羊正常体温为38~40℃。健康羊正常体温在一昼夜内略有变动，一般上午偏低，下午偏高，相差1℃左右。有些传染病和炎症往往导致羊出现体温升高，且上午高下午低。在大出血、生产瘫痪、心循环衰竭及某些中毒时，体温降低。

体温通常是用体温计在羊的直肠内测量。测量前应将体温计的水银柱甩至35℃以下。将羊保定好，在体温计上涂少许润滑剂，插入直肠后，停留3~5分钟，然后取出用酒精棉球消毒，查看水银柱高度，于每日上午、下午各测温1次。

（二）测定呼吸次数

站在病羊腹部后侧观察，胸部和腹部同时一起一伏为一次呼吸，对每分钟的呼吸次数计数。健康羊每分钟呼吸 12~30 次。呼吸过快常见于发热性疾病、疼痛性疾病、缺氧等；呼吸过缓见于生产瘫痪、某些脑病或食物中毒等。

（三）测定脉搏

在羊的股内动脉处，用 2~3 根手指轻轻按上，并施以适当压力，感知脉搏的搏动，记录 1 分钟内搏动的次数。健康羊的脉搏每分钟 70~80 次。

（四）触诊

羊患病时，大多数有消化功能紊乱，常出现瘤胃积食或前胃弛缓症状，可通过触诊进行检查。检查时在病羊的左侧腹部，握拳放在左侧腰窝下方，感觉瘤胃的蠕动，健康羊瘤胃每分钟蠕动 2~4 次，蠕动波强而有力，可以把人的手顶起来，持续时间在 15 秒钟以上。然后用手掌按压上、中、下部，正常羊上部有弹性，中部稀软，下部结实。瘤胃积食或前胃弛缓时，腹壁紧张，内容物较硬。如其中混有气体和液体时，则呈半液状，触之有波动感。如内容物较硬时，则触压后有压痕。

（五）体表淋巴结的检查

临床上较常检查的淋巴结有颌下淋巴结、耳下淋巴结、肩前淋巴结和腹股沟淋巴结等。淋巴结的肿大发热，说明其周围有炎症。

四、羊的用药方法

（一）口服法

大群羊的传染病防治或驱虫多用自行采食法，将药物按规定使用剂量拌入饲料或饮水中，任羊自由采食或饮用。当饲养羊只较少或患病羊只较少时，可将药物与精饲料混匀做成食团喂羊。

当羊需服水剂型药物时多用长颈玻璃瓶、塑料瓶或一般酒瓶灌服。将药液注入瓶内，助手抓住鼻中隔提起羊头，使头呈水平状，投药者一手打开口腔，另一手把药瓶从口角送入，倾斜药瓶使药液流出少许，并马上取出瓶子，任其吞咽，这样反复进行灌药，直至把药液灌完。

对体形较大、用药较多的羊只，亦可用细胶管灌服。把细胶管从鼻腔插入食道，另一端接漏斗，药物即从胶管进入胃内。操作时严防把胶管插入气管。

投喂舔剂药物时，将药物加少许水调成稠状，把羊口张开，用竹制或木制的药板抹取药物，涂在病羊舌根处，借羊吞咽而将药物咽下。

（二）直肠法

直肠法又叫灌肠法。首先将直肠内粪便清除，将药物溶于温水中，用细胶管插入直肠内，细胶管另一端接漏斗，将药液导入漏斗即可进入直肠。灌肠完毕后，拔出胶管，用手压住肛门或拍打尾根部，以防药物流出。

（三）注射法

常用的注射法有肌内注射、皮下注射和静脉注射等方法。首先注射用具要彻底消毒灭菌，一般在消毒锅内煮沸半小时。注射部位剪毛，涂5%碘酊，再用70%酒精棉球脱碘。然后抽取药液，排净注射器和针头内的空气。

1. 肌内注射

注射部位一般在颈部或臀部。先把针头（12~16号）垂直刺入肌肉3厘米左右，然后接上注射器，一手持注射器和针头尾部，另一手持注射器推柄往回抽，无血液进入针筒内，即可缓慢注射。注射完毕，拔出针时用酒精棉球按压止血。

2. 皮下注射

注射部位要选择皮肤疏松的地方，如颈部两侧和后肢内侧等。一手揪起注射部位的皮肤，另一手持吸好药的注射器以倾斜40°刺入皮下，注入药液，然后用酒精棉球按压针孔。

3. 静脉注射

注射部位在颈静脉沟上1/3处。少量药物用注射器，大量药物可用吊瓶注射。一手拇指按压在注射点下方约一掌处的颈静脉沟上，待颈静脉隆起后，另一手握住长针头，向上与颈静脉呈30°~45°刺入颈静脉，见血液从针头流出后，将针头挑起与皮肤成10°~15°，继续把针深入血管内，接上注射器或吊瓶，即可注射药液。注射完毕，用酒精棉球按压针孔防止出血。

五、养羊常用的药物

（一）消毒药

1. 生石灰

加水配成10%~20%石灰乳，适用于消毒口蹄疫、传染性胸膜肺炎、羔羊腹泻等病原污染的圈舍、地面及用具。干石灰可撒布地面消毒。

2. 氢氧化钠（火碱）

有强烈的腐蚀性，能杀死细菌、病毒和芽孢。其2%~3%水溶液可消毒羊舍和槽具等，并适用于门前消毒池。

3. 来苏尔

杀菌力强，但对芽孢无效。3%~5%的溶液可用于羊舍、用具和排泄物的消毒。2%~3%的溶液用于手术器械及洗手消毒。0.5%~1%的浓度口服200毫升可治疗羊胃肠炎。

4. 新洁尔灭

为表面活性消毒剂，对许多细菌和真菌杀伤力强。0.01%~0.05%的溶液用于黏膜和创伤的冲洗，0.1%的溶液用于皮肤、手指和术部消毒。

（二）抗菌药物

1. 抗生素

常用的抗生素有青霉素、链霉素、土霉素、合霉素、庆大霉素等。青霉素主要对革兰氏阳性球菌、革兰氏阴性球菌及某些革兰氏阳性杆菌有效；链霉素主要对革兰氏阴性细菌和结核杆菌有效；土霉素、合霉素为广谱抗生素，一般对病毒无效。

（1）青霉素。抗菌力强，有杀菌作用。临床首选治疗炭疽病、链球菌病、喉炎、气管炎、支气管肺炎、乳房炎、创伤感染等。青霉素制剂种类很多，常用的是青霉素钾盐和钠盐。治疗用量：肌内注射 20 万~80 万单位，每天 2 次，连用 3~5 天。不宜与四环素类药物、卡那霉素、庆大霉素、磺胺类药物配合使用。

（2）链霉素。常用的制剂为硫酸链霉素粉针剂。口服可治疗羔羊腹泻，肌内注射可治疗炭疽病、乳房炎、羔羊肺炎及布鲁氏菌病、泌尿道感染等。治疗用量：羔羊口服 0.2~0.5 克，成年羊注射 50 万~100 万单位，每天 2 次，连用 3 天。

（3）泰乐霉素。对支原体的作用很强，可治疗羊传染性胸膜肺炎。治疗用量：肌内注射 5~10 毫克/千克体重，口服量为 100 毫克/千克体重，每天均为 1 次，连用 3 天。

（4）红霉素。抗菌范围与青霉素相似，是抗菌范围稍广的一种抗生素。临床使用青霉素治疗呼吸道感染无效时可选用本品，对泌尿道感染、羊传染性胸膜肺炎及严重的败血症效果也不错。主要用粉针剂供肌内注射和静脉注射。静脉注射每次每只羊 0.1~0.3 克，肌内注射每只羊 0.2~0.6 克，每天 2 次。

（5）庆大霉素。在临床上可用于革兰氏阴性菌引起的传染病及呼吸道、消化道、泌尿道感染及败血症等的治疗。常用硫酸庆大霉素注射液肌内注射，每次每千克体重 1~1.5 毫克，每天 3~4 次。片剂供口服，羔羊每天每千克体重 15 毫克，每天 3~4 次。

2. 磺胺类药物

磺胺类药物为人工合成的抗菌药物，难溶于水，多供口服，其钠盐可供注射。磺胺类药物对大部分革兰氏阳性菌、一部分革兰氏阴性菌有抑制作用。临床上常用的有磺胺嘧啶、磺胺甲基嘧啶、磺胺噻唑、磺胺甲氧嗪、磺胺-5-甲氧嘧啶、磺胺-6-甲氧嘧啶等，主要用于全身感染；磺胺脒主要应用于消化道感染；磺胺、磺胺苄胺主要供创伤感染撒布使用。首次剂量应较维持量大 1 倍。使用磺胺类药物时应使病羊多饮水，以减少对泌尿道的副作用。

（1）磺胺噻唑。又叫消治龙。抗菌作用强，副作用较多，吸收快，排泄快，体内维持时间短，可每天给药 3 次，适用于全身感染治疗，片剂、粉剂口服，首次量 0.2 克/千克体重，维持量 0.1 克/千克体重。10% 和 20% 的磺胺噻唑钠注射液供肌内注射及静脉注射，每千克体重 70 毫克。

（2）磺胺嘧啶、磺胺甲基嘧啶、磺胺二甲基嘧啶。这 3 种药物作用基本相似。每天给药 1~2 次。片剂、粉剂口服，首次量 0.2 克/千克体重，维持量 0.1 克/千克体重。10% 和 20% 的钠盐注射液可供肌内注射及静脉注射，剂量为 70 毫克/千克体重，每天 1~2 次。

（3）磺胺甲氧嗪。又叫长效磺胺。适用于全身感染，体内作用维持时间长，可每天给药 1 次。口服首次量 0.1 克/千克体重，维持量 70 毫克/千克体重。

（4）磺胺-6-甲氧嘧啶。又叫大灭痛、制菌磺。适用于各种敏感菌引起的全身或局部感染。片剂口服，首次量0.1克/千克体重，维持量70毫克/千克体重，每天1次；针剂供注射用，每千克体重70毫克，每天1次。

（5）磺胺-5-甲氧嘧啶。又叫消炎磺。口服吸收迅速完全，适用于呼吸道、泌尿道、生殖道及皮肤感染。与甲氧苄啶合用可提高疗效。片剂口服，首次量0.1克/千克体重，维持量70毫克/千克体重，每天1次。增效针剂供肌内注射，20~25毫克/千克体重，每天1~2次。

（6）磺胺脒。又叫克痢定。一般常作为肠道感染治疗用药。口服时每天0.1~0.3克/千克体重，分2~3次服用。

（7）磺胺。又叫氨苯磺胺。临床上主要外用于局部和创伤感染。制剂为磺胺结晶粉（外用消炎粉），专供创伤撒布用。

（8）磺胺苄胺。又叫甲磺灭脓。适用于创伤感染和烧伤创面的绿脓杆菌感染。粉剂供撒布用，软膏供涂敷用，溶液剂供湿敷用。

（9）甲氧苄啶。是一种抗菌增效剂。与磺胺类药物合用可提高磺胺类药物的抗菌效力数倍至数十倍，故又叫抗菌增效剂。可和磺胺类药物、四环素、庆大霉素合用于治疗呼吸道、泌尿道、消化道感染以及败血症、乳房炎、创伤、术后感染等。与磺胺类药物合用时一般按1：5（甲氧苄啶1份、磺胺类药物5份）的比例配合。片剂供口服，针剂供肌内注射。用量为20~25毫克/千克体重，每天1~2次。

（三）抗寄生虫药物

1. 硫双二氯酚

又叫别丁，为驱吸虫、绦虫药。本品毒性小，使用较安全，副作用是引起短时性腹泻。治疗用量口服0.1克/千克体重。

2. 硝氯酚

又叫拜耳–9015，为驱肝片吸虫药。毒性小，使用安全。口服每千克体重3~4毫克，针剂肌内注射，每千克体重1~2毫克。

3. 敌百虫

本品为广谱杀虫、驱虫药物，对多种昆虫及线虫都有作用。口服能驱胃肠道寄生虫的很多线虫及鼻蝇幼虫。治疗用量：口服，绵羊每千克体重0.08~0.1克，山羊每千克体重0.05~0.07克。外用，治疗疥癣使用0.1%~0.5%溶液。使用本品中毒后可用阿托品或胆碱酯酶复活剂（碘磷定、氯磷定等）解毒。

4. 左旋咪唑

本品为一种广谱、高效、低毒的驱虫药，对除鞭虫外的胃肠道寄生线虫、大型肺线虫均有效。治疗时口服5~10毫克。

5. 丙硫咪唑

本品为广谱驱虫药，可以防治胃肠道各种线虫、肺线虫、肝片吸虫和绦虫。治疗用量：口服，每千克体重10~15毫克。

6. 硫酸铜

用于防治莫尼兹绦虫、捻转胃虫及毛圆线虫。治疗用量：口服1%溶液，每千克体重1~2毫升。

7. 灭虫丁粉

可驱杀羊各种胃肠道线虫及螨、蜱和虱等体外寄生虫。本品为口服药，每千克体重0.2克可驱除体内寄生虫，每千克体重0.3~0.4克可杀灭体表寄生虫。

8. 灭螨灵、溴氰菊酯

这几种药物均对寄生在羊体表的螨、虱、蚤、蜱及吸血昆虫有杀灭作用。治疗用量：灭螨灵药浴时药液稀释 2 000 倍，局部涂擦时稀释 1 500 倍；溴氰菊酯应稀释到 50~80 毫克/千克使用。

9. 伊维菌素/阿维菌素

为大环内酯类抗生素。对多种胃肠道线虫及疥癣、蝇蛆、虱、虻均有较强杀灭作用。按 0.2 毫克/千克体重内服或颈部皮下注射，严重时，每隔 7~10 小时再用 1 次。

六、羊的生理常数

羊的正常体温、脉搏、呼吸及反刍数值如表 5-1 所示。

表 5-1 羊的正常体温、脉搏、呼吸及反刍次数

类别	体温 (℃)	脉搏 (次/分钟)	呼吸 (次/分钟)	反刍 (次/昼夜)
绵羊	38.5~40.0	70~80	12~20	4~8（每次 40~70 分钟）
山羊	38.0~40.0	70~80	12~20	4~8（每次 40~70 分钟）
羔羊	40.0~41.0	90~100	25~35	—

羊的血液常规检查正常值如表 5-2 所示。

表 5-2 羊的血液常规检查正常值

类别	血红蛋白（克/100毫克）	红细胞数（万个）	细胞数（个）	白细胞分类			酸性	碱性	淋巴	大单核	血沉			
				嗜中性							15分钟	30分钟	45分钟	60分钟
				幼稚	杆状	分叶								
绵羊	11.6	940	8 200	0.5	1.5	32.5	5.0	0.5	59.0	2.6	0.2	0.4	0.6	0.8

（续表）

类别	血红蛋白（克/100毫克）	红细胞数（万个）	细胞数（个）	白细胞分类								血沉			
				嗜中性			酸性	碱性	淋巴	大单核	15分钟	30分钟	45分钟	60分钟
				幼稚	杆状	分叶								
山羊	10.7	1 310	9 600	0	1.0	34.0	4.0	0.1	57.5	1.5	0	0.1	0.3	0.5

第二节　常见传染病防控

一、病毒病

（一）小反刍兽疫

1. 病原

由小反刍兽疫病毒感染的一种严重的急性、烈性、接触性传染病。

2. 症状

潜伏期 4～6 天，发病急，发热，急性型体温可上升至41℃，持续 3～5 天。起初病羊眼结膜充血肿胀，眼、口和鼻腔分泌物增多，逐步由清亮转为脓性，呼出恶臭气体。口腔黏膜充血，颊黏膜广泛性损害，导致多涎。随后出现弥漫性溃疡和坏死，感染部位包括下唇、下齿龈等处，严重病例波及齿垫、腭、颊部及乳头、舌头等处。后期出现肺炎症状，呼吸困难并伴有咳嗽；水样腹泻并伴有难闻的恶臭气味，最后为血便，脱水衰竭死亡。发病率 90% 以上，死亡率通常为50%～80%，羔羊发病率和死亡率均为 100%。

3. 预防

疫苗接种可有效预防本病，目前临床使用的疫苗为小反刍兽疫病毒弱毒疫苗，颈部皮下注射 1 毫升（含 1 头份），免疫保护期 2 年以上，能交叉保护各个群毒株的攻击感染，但热稳定性差，运输和注射时应特别注意。严禁从存在本病的国家和地区引进相关动物。

4. 治疗

本病一般不允许治疗，一旦发生本病，应按《中华人民共和国动物防疫法》规定，采取紧急、强制性的控制和扑灭措施，扑杀患病和同群动物。

（二）口蹄疫

1. 病原

病原为口蹄疫病毒。目前所知共计 7 个主型，若干个亚型，各型之间无相互免疫作用。传染源为患病家畜，主要通过消化道、呼吸道传染，也可接触传染。全年均可发生，但秋、冬季和春季发生较多。

2. 症状

羊只发病时体温升高至 $40 \sim 41 ℃$，精神不振，食欲低下，脉搏和呼吸加快。常于口腔黏膜、蹄部皮肤上形成水疱、溃疡和糜烂，但有时也见于乳房部位。发病羊常流涎，采食呈现出痛苦状或不食。若仅为口腔发病，经 $1 \sim 2$ 周便可痊愈；当病害波及蹄部，可见明显的跛行症状，经 $2 \sim 3$ 周方可痊愈。绵羊蹄部症状明显，口腔黏膜变化较轻。山羊症状多见于口腔，呈弥漫性口腔黏膜炎，水疱见于硬腭和舌面，蹄部病变较轻，个别病例乳房可见水疱。成年山羊呈良性过程，死亡率仅 1% ~ 2%，而羔羊抵抗力差，对本病敏感，常出现胃肠炎、心肌炎，死亡率达 20% ~ 50%。

3. 预防

每年春、秋两季使用口蹄疫疫苗免疫接种 1 次，皮下或肌内注射 1 毫升。注射后 14 天产生免疫力，免疫期 4 ~ 6 个月。对已有发病的羊场应划定封锁界限，禁止人畜来往，对病羊进行隔离，做好消毒工作，消毒时可选用 2% 氢氧化钠溶液、2% 福尔马林或 20% ~ 30% 热草木灰水。

4. 治疗

本病一般不允许治疗，要就地扑杀，实行无害化处理。但因特殊需要可进行治疗，治疗时应根据患病部位不同，给予不同治疗。

（三）羊痘

1. 病原

由羊痘病毒引起，病毒在痘疱浆汁或水疱内含量较多。在干燥痘浆或痂皮内能生存数年，抵抗力较强。羊痘可全年发生，但以春、秋两季较多发。传染源主要是病羊和病愈带毒的羊，病毒存在于痘疹、水疱液、痘痂上皮和黏膜的分泌物内，随脱落的痂皮和分泌物污染环境、饲料和饮水，羊通过呼吸道、消化道或受伤的皮肤、黏膜而传染。绵羊痘病毒主要感染绵羊，山羊痘病毒主要感染山羊。

2. 症状

绵羊痘症状是病羊体温升高至 41 ~ 42℃，精神不振，食欲减退，并伴有可视黏膜卡他性、脓性炎症，经 1 ~ 4 天开始发痘。发痘的初期为红斑，1 ~ 2 天后形成丘疹，为突出于皮肤表面的苍白色坚实结节，结节在 2~3 天内变成水疱。水疱内容物起初像淋巴液，逐渐增多，中央凹陷呈脐状。在此期间，体温稍有下降。随后，由于白细胞渗入，变为脓性、不透明、脐状消失，成为脓疱。化脓期间体温再度上升。如无继发感染，则几日之内脓疱干缩成褐色痂块。痂块脱落后遗留一微红色或苍白色的瘢痕。全过程为 3~4 周。山羊痘临床特征和病理变化与绵羊痘相似，主要在皮肤和黏膜上形成痘疹。山羊痘病例较为少见。

3. 预防

每年春、秋两季接种羊痘疫苗，皮下注射 0.5 毫升，注射后 4~6 天可产生免疫力，免疫期 1 年。加强饲养管理，对病羊隔离消毒，对羊舍及周围环境用百毒杀消毒液进行消毒，每天 1 次，连用 7 天。

4. 治疗

病羊初期采用康复羊的血清和利巴韦林联合治疗，30 千克体重的病羊，用康复羊血清 20 毫升/只，肌内注射利巴韦林 200 毫克/（只·次），肌内注射瘟毒康，每千克体重 0.2 毫升，每天 2 次，连用 3 天；为防止继发感染，同时一次肌内注射青霉素 160 万单位、链霉素 100 万单位，每天 2 次，连用 3 天。全群饲料内混入 0.02%的利巴韦林，为防止继发感染同时饲料内混入 0.2%的土霉素粉，连用 3~5 天。中药治疗可用龙胆草 90 克，板蓝根 60 克，金银花 40 克，野菊花 40 克，连翘 30 克，甘草 30 克，将上述中药加工成细粉，每只羊按 10~40 克的剂量均匀拌入饲料中。对个别体表病变严重的羊，用 0.1%高锰酸钾溶液洗涤后，再涂擦碘甘油。

（四）羊口疮

1. 病原

羊口疮病毒，又称传染性脓疮病毒，属于痘病毒科、副痘病毒属，能引起反刍动物和人发病，在我国西部地区流行比较广泛，是一种家畜疫病防控中重要的病原。

2. 症状

病羊的体温有时升高至41℃，精神萎靡，食欲不振，明显消瘦。有的病羊在口角、上唇或鼻上出现小红斑，有的成水疱或脓疱。个别羊只会扩散到口腔，口腔黏膜、舌头上面出现水疱、脓疱和糜烂，咀嚼和吞咽都很困难。

3. 预防

在流行本病的地区每年春、秋季节使用羊口疮弱毒疫苗进行免疫。由于羊痘、羊口疮病毒之间有部分交叉免疫反应，在羊口疮疫苗市场供应不充足的情况下，建议加强羊痘疫苗的免疫以降低羊口疮的发病率。在本病流行的春季和秋季保护皮肤黏膜不发生损伤，特别是在羔羊长牙阶段，口腔黏膜娇嫩，易引起外伤，应尽量剔除饲料或垫草中的芒刺和异物，避免在有刺植物的草地放牧。适时加喂适量食盐，以减少啃土、啃墙，防止发生外伤。

4. 治疗

病羊用食醋或0.1%~0.2%高锰酸钾溶液冲洗创面，用碘甘油涂抹，口腔内喷洒冰硼散或青黛散粉剂，每天1~2次，严重有继发感染者，可用抗生素、维生素等作抗菌消炎、强心补液等对症治疗。

二、细菌病

（一）布鲁氏菌病

1. 病原

由布鲁氏菌引起的人畜共患的慢性传染病，羊感染后，以母羊发生流产和公羊发生睾丸炎为特征。布鲁氏菌对外界环境抵抗力较强，但对湿热的抵抗力不强，消毒药能很快将其杀死。绵羊和山羊均可感染布鲁氏菌。传染源是病羊及带菌羊，尤其是受感染的妊娠母羊，在其流产或分娩时，可随胎儿、胎水和胎衣排出大量布鲁氏菌。在感染公羊的精囊腺中也含有布鲁氏菌。主要通过消化道感染，也可经皮肤、结膜和配种感染。此外，吸血昆虫可以传播本病。

2. 症状

妊娠母羊发生流产是本病的主要症状，但不是必有的症状。流产多发生在妊娠后的 3～4 个月，常见羊水浑浊，胎衣滞留。流产后排出污灰色或棕红色分泌液，有时有恶臭。有时患病羊发生关节炎和滑液囊炎而导致跛行，公羊发生睾丸炎，少部分病羊发生角膜炎和支气管炎。流产胎儿主要表现败血症病变，浆膜与黏膜有出血点与出血斑，皮下和肌肉间发生浆液性浸润，脾脏和淋巴结肿大，肝脏中出现坏死灶。公羊发生本病时，可发生化脓坏死性睾丸炎和附睾炎，睾丸肿大，后期睾丸萎缩，常见的是单侧睾丸肿大。

3. 预防

应当着重体现"预防为主"的原则，在未感染羊群中，控制本病传入的最好办法是自繁自养，必须引进种羊或补充羊群时，要严格执行检疫，即将羊隔离饲养 2 个月，同时进行布鲁氏菌病的检查。经过扑灭处理后清净的羊群，应定期检疫，一经发现病羊，立即淘汰，并严格消毒。羔羊每年断奶后进行 1 次布鲁氏菌病检疫，成年羊 2 年检疫 1 次或每年预防接种而不检疫。

4. 治疗

布鲁氏菌是兼性细胞内寄生菌，致使化疗药物不易生效，对患病动物一般不予治疗，而是采取淘汰、扑杀措施。当羊群的感染率低于3%时，通过扑杀方式进行处理，高于5%时，使用疫苗免疫。必须对污染的用具和场所进行彻底消毒。流产胎儿、胎衣、羊水和产道分泌物应深埋。

（二）羔羊痢疾

1. 病原

由大肠杆菌、沙门氏菌等混合感染引起的一种急性传染病，传染途径主要通过消化道，也可经脐带或伤口传染。本病的发生和流行，与妊娠母羊营养不良、护理不当、产羔季节气候突变、羊舍阴暗潮湿等有密切关系。此外，哺乳不当、饥饱不匀、接羔育羔时清洁卫生条件差等也可诱发本病。

2. 症状

临床特征主要为腹泻。主要危害 7 日龄以内的羔羊，2~3 日龄发病最多，死亡率为 15%~25%。本病发病较急，病初病羊精神差，体温升高至 40~41℃，低头拱背，厌食，不久后发生腹泻，体温降至正常或微热，排出恶臭如面糊或稀水样粪便，颜色有黄绿色、黄白色、灰白色，甚至有的带有血液。

病羔虚弱无力，站立不稳，接着瘫卧在地，常在 1~2 天内死亡。个别病羔表现神经症状，四肢瘫软，呼吸急促，口流白沫，最终昏迷，发病过程短，多在 10 多小时内死亡。

3. 预防

在常发疫点可采取药物预防。羔羊出生后 12 小时内，灌服土霉素 0.12~0.15 克，每天 1 次，连服 3 天。每年秋季及时注射羊厌气菌五联疫苗，必要时可于产前 2~3 周再接种 1 次。对妊娠母羊做到产前抓膘，增强体质，产后保暖，防止受凉。做好圈舍及用具的消毒工作。一旦发病应随时隔离病羊，对未发病羊及时转圈饲养。

4. 治疗

土霉素 0.2~0.3 克、胃蛋白酶 0.2~0.3 克，加水灌服，每天 2 次；磺胺胍 0.5 克、鞣酸蛋白 0.2 克、次硝酸铋 0.2 克、碳酸钠 0.2 克，加水灌服，每天 3 次；先灌服用含 0.5%福尔马林的 6%硫酸镁溶液 30~60 毫升，6~8 小时后再灌服 1%高锰酸钾溶液 10~20 毫升，每天 2 次；如并发肺炎，可用青霉素、链霉素各 20 万单位混合肌内注射，每天 2 次。在使用上述药物的同时，要适当采取对症治疗措施，如强心、补液、镇静，食欲不好的羊只可灌服人工胃液（胃蛋白酶 10 克，浓盐酸 5 毫升，水 1 升）10 毫升或番木鳖酊 0.5 毫升，每天 1 次。

（三）羊快疫

1. 病原

病原为腐败梭菌，是羊的一种急性传染病，因发病突然，在短期死亡，故称为"快疫"。主要通过消化道感染。早春、秋末气候突然变化，或经常在低洼沼泽地放牧，或冬季营养不良，采食霜草等，均可诱发本病。

2. 症状

突然发病，有时在 10~15 分钟死亡。病羊脱离羊群，喜欢卧地，不愿走动，有腹部疼痛或膨胀症状。体温表现不一，有的正常，有的高热至 41.5℃左右。口、鼻流出血样液体，有时带有泡沫，磨牙。结膜充血，严重时发紫，呼吸困难，脉搏加快，有时发生血痢，尸体迅速腐败、膨胀。在羊的皱胃和十二指肠黏膜上有出血性炎症，并在消化道内产生大量气体。

3. 预防

本病病程短，来不及治疗，必须以预防为主。每年春、秋两季肌内注射"羊三联疫苗"（羊快疫、羊猝疽、羊肠毒血症）或"羊四联疫苗"（羊快疫、羊猝疽、羊肠毒血症、羔羊痢疾）。每只羊 5 毫升，羊注射疫苗后，一般有轻度反应，表现为食欲下降或跛行等，但 1~2 天内即可消失。妊娠母羊注射疫苗后有引起流产的可能，一般待产羔后再注射。为防止羊快疫的发生，应选择干燥地方放牧，禁止采食霜冻牧草。发病后应做好隔离、封锁及消毒工作，病尸焚烧深埋。当发生疫情时，羊群普遍饮用 2%硫酸铜溶液，每只羊 100 毫升，可降低发病数。

4. 治疗

对病程较长的羊，可注射强心剂，投喂肠道消毒药，抗生素或磺胺类药物。

（四）羊肠毒血症

1. 病原

本病病原为 D 型产气荚膜梭菌。发病具有明显的季节性，多在春末夏初或秋末冬初发生。主要是因为饲料突然改变，特别是由饲喂干草改喂大量青绿多汁饲料或改喂大量籽实类和蛋白质含量高的饲料后，瘤胃微生物不能适应，使小肠内的 D 型产气荚膜梭菌大量繁殖，产生大量毒素引起本病发生。

2. 症状

病程急速，发病突然，有时见到病羊向上跳，跌倒在地，发生痉挛，于数分钟内死亡。病情缓慢者可见兴奋不安，空嚼、咬牙、吃泥土或其他异物。头向后倾或斜向一侧，做转圈运动，口吐白沫，四肢抽搐，痉挛，腹泻，粪便呈深绿色或黑色。一般体温不高，羊临死前出现血糖增高和尿糖增高。其病理特征为腹泻、惊厥、麻痹和突然死亡。剖检肾脏软化如泥。

3. 预防

加强饲养管理，防止过食，注意精饲料、粗饲料、青饲料的搭配。春、秋两季注射"羊三联疫苗"或"羊四联疫苗"。

4. 治疗

病羊每只灌服 0.5% 高锰酸钾溶液 250 毫升，每千克体重口服磺胺脒 0.3~0.5 克，每天 1 次，连用 2~3 天，并静脉注射生理盐水。

三、其他病原体病

(一) 传染性胸膜肺炎

1. 病原

由多种支原体引起，是一种高度接触性羊传染病，以高热、咳嗽、胸肺粘连等为特征，呈急性或慢性经过，病死率较高。

2. 症状

潜伏期18~26天，病初体温升高至41~42℃，热度呈稽留型或间歇型。有肺炎症状，压迫病羊肋间隙时，感觉痛苦。病末期常发展为肠胃炎，伴有带血的急性下痢，渴欲增加。妊娠母羊常发生流产。

3. 预防

坚持自繁自养，勿从疫区引进羊。加强饲养管理，增强羊的体质。对从外地新引进的羊严格隔离1个月以上，检疫无病后方可入群。疫区内羊分群隔离，对假定健康羊，用山羊传染性胸膜肺炎氢氧化铝疫苗接种，半岁以下羊皮下注射或肌内注射3毫升，半岁以上羊注射5毫升。对病菌污染的环境、用具等，应进行消毒处理。如当地羊群疾病系由羊肺炎支原体所引起，可使用羊肺炎支原体灭活疫苗进行免疫接种。

4. 治疗

本菌对红霉素、四环素、泰乐菌素敏感。治疗可选用新胂凡纳明，5月龄以下羊0.1~0.15克，5月龄以上羊0.2~0.25克，溶于生理盐水中静脉注射，必要时间隔4~9天再注射1次。也可用土霉素，每天每千克体重口服20~50毫克，分2~3次服完。

（二）传染性角膜结膜炎

1. 病原

病原为立克次氏体。病原体主要存在于眼结膜及其分泌物中，可通过直接接触传染。气候炎热、刮风、尘土等因素有利于本病的发生和传播。本病没有明显的季节性，一年四季均可流行。

2. 症状

起初病眼畏光流泪，常因畏光而闭目。结膜充血，角膜呈灰白色，混浊而不透亮，有时可形成溃疡，其溃疡面初呈白色小点，以后可向深部蔓延，导致角膜穿孔，使眼球破裂。

3. 预防

主要是平时加强清洁卫生，定期消毒，保证空气流畅。当出现病羊时，首先要隔离，以防扩大传染。其次是将病羊放在黑暗处，避免光线刺激，使羊得到足够的休息，加速其恢复。

4. 治疗

用普鲁卡因青霉素溶液或四环素、土霉素、金霉素眼药水洗眼；用普鲁卡因青霉素太阳穴封闭注射（每患侧用青霉素 20 万单位，普鲁卡因 2~3 毫升），效果较好，半个月左右可全群治愈。

第三节　常见寄生虫病防治

一、体内寄生虫病

（一）绦虫病

1. 病原

寄生在羊小肠内的绦虫有 3 个属，即莫尼茨绦虫、曲子宫绦虫和无卵黄腺绦虫。绦虫虫体扁平，呈白色带状，分为头节、颈节、体节 3 个部分。绦虫雌雄同体，全长 1~5 米，每个体节上都有 1~2 组雌雄生殖器官，自体受精。节片随粪便排出体外，崩解后虫卵被地螨吞食，卵内的六钩蚴在螨体内经 2~5 个月发育成具有感染力的似囊尾蚴，羊吞食了含有似囊尾蚴的地螨以后，幼虫吸附在羊小肠黏膜上，经 40 天左右发育为成虫。绦虫病分布很广，可引起羊发育不良，甚至死亡。主要危害 1.5~8 月龄的幼羊，2 岁以上的羊感染率极低。

2. 症状

羊轻度感染又无并发症时，一般症状不明显。感染严重的羔羊，由于虫体在小肠内吸取营养，分泌毒素，并引起机械阻塞，使羊食欲减退，喜欢饮水，消瘦、贫血、水肿、脱毛、腹部疼痛和臌气，下痢和便秘交替出现，淋巴结肿大。粪便中混有绦虫节片。病后期精神高度沉郁，卧地不起，个别羊只还出现神经症状，如抽搐、仰头或做回旋运动，口吐白沫，终至死亡。

3. 预防

粪便要及时清除，堆积发酵处理，以杀灭虫卵。同时，做好定期驱虫工作。

4. 治疗

硫双二氯酚，治疗剂量每千克体重 100 毫克，一次性口服。氯硝硫氨（驱绦灵），治疗剂量每千克体重 50~75 毫克，一次性口服。

（二）血矛线虫病（捻转胃虫病）

1. 病原

血矛线虫（捻转胃虫）寄生在羊的皱胃中。雄虫长 10~20 毫米，雌虫长 18~30 毫米。虫体细小，须状，雌虫像一条红线和一条白线扭在一起的线绳。每天可产卵 5 000~10 000 个，卵随粪便排到草地上，在适宜温度（20~30℃）和湿度条件下，经 4~5 天即可孵化成幼虫而感染致病。雨后幼虫常被雨水冲到低洼地区，故在低湿地区放牧，羊只最容易感染血矛线虫。

2. 症状

一般病羊表现为贫血、消瘦、被毛粗乱、精神沉郁、食欲减退。放牧时病羊离群或卧地不起。腹泻和便秘交替出现。颌下、胸下、腹下水肿，体温一般正常，脉搏弱而快，呼吸次数增多，最后卧地不起，虚脱死亡。剖检在皱胃可见有大量血矛线虫虫体吸着在胃壁黏膜上，或游离于胃内容物中。

3. 预防

不到低洼潮湿的地方放牧，不食"露水草"，不饮死水。羊舍内粪便堆积发酵以杀死虫卵，并做好定期预防性驱虫，如每年在春季放牧青草前和秋末或初冬进行 2 次驱虫。

4. 治疗

丙硫苯咪唑，治疗剂量每千克体重 10~15 毫克，一次性口服。驱虫净（噻咪唑、四咪唑）治疗，每千克体重 20 毫克，加水灌服。左旋咪唑，治疗剂量每千克体重 50~60 毫克，配成水溶液，一次灌服。

（三）肺丝虫病

1. 病原

肺丝虫分为大型肺丝虫（丝状网尾线虫）和小型肺丝虫（原圆科线虫）两类。大型肺丝虫成虫寄生在羊气管和支气管内，含有幼虫的虫卵或已孵出的幼虫，随痰咳出，或咽下后经粪便排出。幼虫能在水、粪便中自由生活，6~7天发育为侵袭性幼虫，由消化道进入血液，再由血液循环到达肺部。本病在低湿牧场和多雨季节最易感染。小型肺丝虫的雌虫在肺内产卵，幼虫由卵孵出后由气管上行至口腔，随痰咳出或吞咽后进入消化道，再随粪便排出，幼虫钻入旱地螺蛳或淡水螺蛳体内，经过一段时间的发育后，再由螺蛳体内钻出来，随羊吃草或饮水进入羊消化道，再通过血液循环进入肺部。

2. 症状

病初频发干性强烈咳嗽，后渐渐变为弱性咳嗽，有时咳出黏稠含有虫卵及幼虫的痰液。以后呼吸渐转困难，逐渐消瘦，最后常常并发肺炎，体温升高，黏膜苍白，皮肤失去弹性，被毛干燥，如得不到及时治疗，死亡率较高。

3. 预防

不到低洼潮湿的地方放牧，不饮死水。对粪便进行处理，杀死幼虫。并做到定期驱虫。

4. 治疗

用碘溶液气管注射法治疗大型肺丝虫。用碘片1克、碘化钾1.5克、蒸馏水1 500毫升，煮沸消毒后凉至20~30℃进行气管注射。剂量：羔羊8毫升，幼羊10毫升，成年羊12~15毫升，一次注射。用水杨酸钠溶液气管注射法治疗小型肺丝虫。水杨酸钠

5 克加蒸馏水 100 毫升，经消毒后注入气管。成年羊 20 毫升，幼羊 10～15 毫升，一次注射。也可用四咪唑治疗，每千克体重 7.5～25 毫克，口服，或配成水剂肌内注射。丙硫苯咪唑，每千克体重 10～15 毫克，一次性口服，或配制成针剂肌内注射。

（四）肝片吸虫病

1. 病原

由肝片吸虫寄生在羊的肝脏和胆管内所引起。肝片吸虫形状似柳树叶。雌虫在胆管内产卵，卵顺胆汁流入肠道，最后随粪便排出体外。卵在适宜的生活条件下，孵化发育成毛蚴，毛蚴进入中间宿主螺蛳体内，再经过胞蚴、雷蚴、尾蚴 3 个阶段的发育又回到水中，成为囊蚴。羊饮水时吞食囊蚴而感染本病。表现为肝实质和胆管发炎或肝硬化，并伴有全身性中毒和代谢紊乱，一般呈地方性流行。本病危害较大，尤其对幼畜的危害更为严重，夏季、秋季流行较多。

2. 症状

本病可表现为急性症状和慢性症状。急性症状表现为精神沉郁，食欲减退或消失，体温升高，贫血、黄疸和肝肿大，黏膜苍白，严重者 3～5 天死亡。慢性症状表现为贫血、黏膜苍白，眼睑及下颌间隙、胸下、腹下等处发生水肿，被毛粗乱干燥易脱断，无光泽，食欲减退，逐渐消瘦，并伴有肠炎，最终导致死亡。

3. 预防

不要到潮湿处或沼泽地放牧，不让羊饮死水或饮有螺蛳生长地区的水。每年进行 2～3 次驱虫。由于幼虫发育需要中间宿主螺蛳，因此应进行灭螺，使幼虫不能发育。每亩地可施用20%氨水 20 千克，或用 1∶5 000 倍硫酸铜溶液、生石灰水等进行灭螺。

4. 治疗

四氯化碳 1 份、液状石蜡 1 份，混合后肌内注射，成年羊注射 3 毫升，幼羊 2 毫升。口服四氯化碳胶囊，成年羊 4 粒（每粒胶囊含四氯化碳 0.5 毫升），幼羊 2 粒（含四氯化碳 1 毫升）。四氯化碳对羊副作用较大，应用时先以少数羊试治，无大的反应再广泛应用。硝氯酚，每千克体重 4 毫克，一次性口服。硫双二氯酚（别丁），每千克体重 35~75 毫克，配成悬浮液口服。丙硫苯咪唑，每千克体重 15 毫克，每天 1 次，连用 2 天。中药可用苏木 15 克、贯仲 9 克、槟榔 12 克，水煎去渣，加白酒 60 克灌服。

（五）羊鼻蝇幼虫病

1. 病原

由鼻蝇幼虫寄生在羊的鼻腔和额窦内而引起的一种慢性疾病。其成虫为羊鼻蝇，外形像蜜蜂。夏、秋季雌蝇将幼虫产在羊鼻孔周围，幼虫沿鼻黏膜爬入鼻腔、鼻窦和额窦等处。幼虫起初如同小米粒大小，在羊鼻腔、鼻窦及额窦内逐渐长大，经 9~10 个月成为第三期幼虫，长约 3 厘米，颜色也由白色变黄再变为褐色。羊打喷嚏时，幼虫落到地面，钻入浅层土壤变为蛹。经 1~2 个月，蛹羽化为鼻蝇。

2. 症状

鼻蝇成虫在羊鼻孔产幼虫时，使羊惊恐不安，摇头、奔跑，影响羊的采食、休息和活动，体质逐渐下降。幼虫钻进鼻腔内，其角质钩刺可引起鼻黏膜损伤发炎或溃疡，由鼻内流出混有血液的脓性鼻液，由于大量的鼻液堵塞鼻孔，使羊呼吸困难，经常打喷嚏，鼻端在地上摩擦。食欲减退，日渐消瘦。个别幼虫还可进入颅腔，损伤胸膜，引起神经症状，如运动失调、摇头、转圈等，并可造成死亡。

3. 预防

鼻蝇飞翔季节，在鼻孔周围涂上 1% 滴滴涕软膏、木焦油等，可驱避鼻蝇。秋末羊鼻蝇绝迹时，用 1% 敌百虫水溶液注入鼻腔，每侧鼻腔 10~20 毫升；或用敌百虫口服，每千克体重 0.1 克，加水适量，一次灌服；或用 3% 来苏尔溶液向羊鼻孔喷洒。

4. 治疗

将螨净配成 0.3% 的水溶液，鼻腔喷注，每侧鼻孔内各喷入 6~8 毫升。

（六）肠结节虫病

1. 病原

病原为食道口线虫。其幼虫常寄生在大肠肠壁上，形成大小不等的结节，故称为结节虫。雌虫在羊肠道内产卵，卵随粪便排出体外，在适宜的条件下孵出幼虫，幼虫经 7~8 天的发育变成有感染性的幼虫，趴在草叶上，当羊吃草时吞食幼虫而被感染。

2. 症状

当幼虫钻入肠壁形成结节时，使羊肠道变窄，肠道发炎或溃疡，引起羊的腹泻，有时粪便中混有血液或黏液。病羊厌食、消瘦、贫血，逐渐衰弱死亡。当幼虫从结节中回到肠道后，上述症状将逐渐消失，但常表现间歇性下痢。

3. 预防

每年春、秋两季，用敌百虫或驱虫净进行预防驱虫。

4. 治疗

敌百虫，每千克体重 50~60 毫克，配成水溶液，一次灌服。驱虫净，每千克体重 10~20 毫克，一次口服；或配成 5% 的水溶液肌内注射，每千克体重 10~12 毫克。

（七）羊脑棘球蚴病

1. 病原

由多头绦虫的幼虫多头蚴引起。成虫寄生在终末宿主犬、狼、狐等肉食动物的小肠内，卵随粪便排出体外，羊在被绦虫卵严重污染的牧地上放牧时而被感染。幼虫寄生在羊的脑内。幼虫呈包囊泡状，囊内充满透明的液体，囊内六钩蚴数量常多达 100~250 个，包囊由豌豆大到鸡蛋大。本病主要侵袭 2 周岁以内的羊，2 周岁以上的羊也有个别发生。

2. 症状

根据侵袭包虫的数量和对脑部的损伤程度及死亡情况，可分为急性、亚急性和慢性 3 种。

（1）急性型。发生在感染后 1 个月左右，由于感染包虫数量多（7~25 个），幼虫在移动过程中对脑部损伤严重，常引起脑脊髓膜炎。病羊死亡前暴躁狂奔，痉挛惊叫，很快死亡。

（2）亚急性型。发生在感染后 2 个月左右。感染包虫数 2~7 个。病羊间断性癫痫发作，每天数次，每次 5~10 分钟，表现多种神经症状，死亡时间较急性型拖得长。

（3）慢性型。发生在感染后 2~3 个月，感染包虫数大多为 1 个，癫痫发作次数一般每天或隔天 1 次，病羊向寄生侧做转圈运动。

3. 预防

加强对牧羊犬的管理，控制牧羊犬数量，消灭野犬，驱逐狼、狐，防止草场被严重污染。每季度给牧羊犬投喂驱绦虫药 1 次，驱虫后排出的粪便要深埋或焚烧。

4. 治疗

对病羊可进行手术摘除。感染期病羊治疗可用 5% 黄色素注射液作超剂量静脉注射，注射剂量为 20～30 毫升，每天 1 次，连用 2 天，病羊可逐渐康复。

二、体外寄生虫病

（一）羊疥癣

1. 病原

由疥癣虫寄生在羊的皮肤上引起，其主要特征是剧痒、脱毛、消瘦，对养羊业危害较大。侵害绵羊的疥癣虫主要是吸吮疥虫（痒螨），寄生于皮肤长毛处；侵害山羊的疥癣虫主要是穿孔疥虫（疥螨），寄生于皮肤深隧道内。疥癣虫习惯生活在羊的皮肤上，离开皮肤后容易死亡。雌虫在皮肤上产卵，卵经 10～15 天发育为成虫（卵—幼虫—稚虫—成虫）。病的传播主要通过健康羊与病羊直接接触而感染。

2. 症状

绵羊多发部位为毛长而稠密的地方，如背部、臀部、尾根等处；山羊多发部位为无毛或短毛的地方，如唇、口角、鼻孔周围、眼圈、耳根、乳房、阴囊、四肢内侧等处。羊感染螨病后，皮肤剧痒，极度不安，用嘴啃咬或用蹄踢患部，常在墙壁上摩擦患部。患部被毛蓬乱，羊毛脱落，皮肤增厚、发炎，流出渗出物，干燥后结成痂皮。由于病羊极度瘙痒，影响采食及休息，使羊日渐消瘦，体质下降。

3. 预防

每年夏初、秋末两季进行药浴预防。从外地购入羊，应进行隔离观察 15~30 天，确定无病后再混入羊群。

4. 治疗

舒利保，治疗浓度为 200 毫克/千克。溴氰菊酯，治疗浓度为 50 毫克/千克。阿维菌素、伊维菌素，每千克体重按有效成分 0.2 毫克口服或皮下注射。也可用干烟叶 90 克，硫黄末 30 克，加水 1.5 千克，先将烟叶在水中浸泡一昼夜，煮沸，去掉烟叶，然后加入硫黄，使之溶解，涂抹患部。

（二）羊蜱病

1. 病原

蜱，又称草鳖、草爬子，可分为硬蜱科和软蜱科 2 种，硬蜱背侧体壁呈厚实的盾片状角质板，可传播病毒病、细菌病和原虫病等。软蜱没有盾片，由有弹性的草状外皮组成，饱食后迅速膨胀，饥饿时迅速缩瘪，故称软蜱。蜱的外形像个袋子，头、胸和腹部融合为一个整体，因此虫体上通常不分节。雌虫在地下或石缝中产卵，孵化成幼虫，找到宿主后，靠吸血生活。

2. 症状

蜱多趴在羊体毛短的部位叮咬，如嘴巴、眼皮、耳朵、前后肢内侧、阴户等，蜱的口腔刺入羊的皮肤进行吸血，由于刺伤皮肤造成发炎，使羊表现不安。蜱吸血量大，可造成羊贫血甚至麻痹，使羊日趋消瘦，生产力下降。

3. 预防

羊舍内灭蜱可用"223"乳剂或悬浮液，按每平方米用1~3克有效成分的量喷洒，有良好的灭蜱作用。

4. 治疗

用1.5%敌百虫水溶液药浴，可使蜱全部死亡，效果较好。

(三) 羊虱病

1. 病原

本病是由羊虱寄生在羊的体表而引起，是一种以皮肤发炎、剧痒、脱皮、脱毛、消瘦、贫血为特征的慢性皮肤病。羊虱可分为吸血虱和食毛虱两类。吸血虱嘴细长而尖，具有吸血口器，吸吮血液；食毛虱嘴硬而扁阔，有咀嚼器，专食羊体的表层组织、皮肤分泌物及毛、绒等。雌虱将卵产在羊毛上，白色小卵约经2周可变成幼虱，侵害羊体。

2. 症状

皮肤发痒，精神不安，常摩擦和搔咬，当寄生大量羊虱时，皮肤发炎，羊毛粗乱，易断或脱落，皮肤变粗糙起皮屑，消瘦，贫血，抵抗力下降，并可引起其他疾病。

3. 预防

经常保持圈舍卫生干燥，定期消毒，对羊舍及所接触的物体用0.5%~1%敌百虫溶液喷洒。

4. 治疗

可用0.5%~1%敌百虫溶液喷淋或药浴1~2次，每次间隔 2 周。如天气较冷时可用药液洗刷羊身或局部涂抹。或用 45％烟草水擦洗，也可达到杀灭羊虱的效果。

第四节　常见普通病防治

一、内科病

（一）瘤胃臌气

1. 病因

羊胃内饲料发酵，迅速产生大量气体而导致本病发生。多发生于春末、夏初放牧的羊群。羊食入大量易发酵、嫩的紫花苜蓿或采食霜冻饲料、酒糟、霉烂变质的饲料后易发本病。

2. 症状

过食后不久突然发病，腹围迅速膨大，肷部凸起，左侧明显。食欲、反刍废绝。触诊瘤胃紧张有弹性，叩诊呈鼓音。听诊瘤胃蠕动音减弱或消失。呼吸困难，心悸亢进，脉搏增数，体温正常。病重时，张口流涎，伸舌吼叫，眼球突出，站立不稳，行走摇晃，全身出汗，最后倒地不起，常因窒息或心脏停搏而死。继发性瘤胃臌气，常以原发症状为主，一般发展缓慢，对症治疗后，症状暂时缓解，但原发病不愈，不久又可复发，所以常为间歇性臌气。

3. 治疗

当腹围显著膨大、呼吸极度困难时，应迅速用胃管排出瘤胃内积气。但速度宜慢，或采用瘤胃穿刺放气法。放气后，通过套管针筒注射 3~5 毫升 3%来苏尔溶液，或口服 0.2%~0.3%高锰酸钾溶液（溶液呈粉红色）300~500 毫升，以达到止酵目的。

（二）感冒

1. 病因

俗称伤风，主要由于寒冷而引起。本病多发生在早春、秋末气温变化较大的季节，由于羊舍保温性能差，或羊只遭雨淋都可引起感冒。本病以体温突然升高、咳嗽、流鼻液为特征。

2. 症状

病羊精神不振，食欲减退，低头耷耳，体温升高，结膜潮红，鼻黏膜充血、肿胀并流出清鼻液，伴发咳嗽，脉搏加快，呼吸次数增多，如不及时治疗，羔羊易继发支气管肺炎。

3. 预防

冬季、春季做好羊舍的保暖，防止贼风侵袭，不要在雨雪天放牧。

4. 治疗

药物治疗，可用 30%安乃近注射液，成年羊 3~5 毫升，羔羊 2~3 毫升，肌内注射，每天 2 次。或用复方氨基比林注射液，成年羊每只 4~6 毫升，羔羊 2~4 毫升，一次肌内注射，每天 2 次。为防止羔羊患继发性支气管炎，可配合抗菌药物、磺胺类药物等同时治疗。中药治疗可用板蓝根 20 克、葛根 15 克、鲜芦根 40 克，加水煎汁 200 毫升，候温，一次灌服；或用羌活 15 克、防风 15 克、苍术 15 克、白芷 10 克、细辛 5 克、川芎 10 克、生地 10 克、黄芩 10 克、甘草 5 克，共研为末，开水冲调，候温，一次灌服。

（三）肺炎

1. 病因

感冒后没有及时治疗，病情日趋严重继发为肺炎。长途运输、饮水不足、气候突然变化以及大量吸入灰尘、异物或灌药误入肺部，都易引起肺炎。但大多肺炎都是由感冒引起，且羔羊感染率较高。

2. 症状

病羊精神沉郁，食欲减退，咳嗽频繁，多为阵发性咳嗽，先干咳，后湿咳。体温升高至 40℃ 以上，喘息流鼻液。严重时呼吸困难，肺部听诊可听到干啰音或湿啰音以及气管呼吸音。如不及时治疗，容易造成死亡。

3. 预防

要防寒防潮，预防感冒；保持羊舍清洁，避免大量灰尘吸入肺部；灌药时应防止误入肺部。

4. 治疗

用青霉素、链霉素或磺胺类药物治疗。青霉素 40 万～80 万单位，链霉素 50 万~100 万单位，肌内注射，每天 2 次。或口服 20% 磺胺嘧啶钠溶液 20~30 毫升，每天 2 次。病羊除应用抗菌消炎的西药外，同时可应用中药，用清肺散 80 克，蜂蜜 50 克，开水调匀后灌服，每天 1 次，连服 3~5 天；或氯化铵 1~2 克，杏仁水 3~6 毫升，加水混匀，一次灌服。

（四）中暑

1. 病因

气温过高，尤其是在气温高且湿度大的环境下，如炎热夏天长途运输，以及羊舍小羊只拥挤，舍内闷热通风不良，或在烈日下放牧时间过长，由于散热困难，使羊体内蓄积热量而发生本病。

2. 症状

病羊精神倦怠，头部发热，出汗；步态不稳，四肢发抖；心悸亢进，呼吸困难，鼻孔扩张，体温升高至 40~42℃ 或以上；黏膜充血，眼结膜变为蓝紫色；瞳孔初散大，后收缩，全身震颤，昏倒在地。如不及时治疗，多在几小时内死亡。

3. 预防

圈舍、围栏应宽敞，通风要良好，设置凉棚或利用树木遮阳，避免环境过热。炎夏放牧应尽可能选择阴坡，避免和缩短阳光直接照射时间。适当补给食盐，供给充足的饮水。避免在夏伏天长途运输羊只。

4. 治疗

一旦发生中暑，应迅速将羊移至阴凉通风处，用冷水浇淋羊头部或冷水灌肠散热，也可驱赶病羊至水中，使散热至常温为止。根据羊只大小及营养状况适量静脉放血，同时静脉输入生理盐水或 5% 糖盐水 500~1 000 毫升。病羊兴奋不安时，肌内注射氯丙嗪 2~4 毫升或口服巴比妥 0.1~0.4 克；心脏衰弱时使用强心剂，可肌内注射安钠咖注射液；对心跳暂停者可进行人工呼吸或用中枢神经兴奋剂如 25% 尼克刹米注射液 2~10 毫升。中药土方治疗可用西瓜瓤 1 千克（去籽），白糖 50 克，混合加冷水 500~1 000 毫升，一次口服；十滴水 10~20 毫升，樟脑水 20~30 毫升，加水灌服；人丹 3 包捣碎，加水 300 毫升口服；生绿豆 250 克，捣浆喂服。

二、营养代谢病

（一）尿结石

1. 病因

主要是由于饲料中的钙、磷比例严重失调，蛋白质、维生素缺乏而引起。当饲料中钙多磷少时，钙在体内以不溶性磷酸钙由粪便排出；饲料中钙少磷多时，磷酸钙从尿液中排出。如喂给大量酸性含磷过高的饲料，磷在小肠被吸收，血液中磷酸钙含量增高，大量磷酸钙在小肠回收时，由于胶体渗透压降低而被析出，再加上饲料蛋白质、维生素缺乏，特别是维生素 A 缺乏使泌尿系统上皮细胞脱落在肾盂和膀胱之中，被析出的磷酸钙附着而形成结石。尿结石多发生于公羊和 3~5 月龄的羔羊。

2. 症状

肾结石常出现血尿，并多在剧烈运动之后发生或加重，结石移至输尿管时引起尿闭。膀胱结石体积很小时症状不明显，结石较大时出现尿频和排尿困难，并伴有血尿和疝痛症状。本病多发生于种公羊，尿道结石多发生在乙状弯曲处，排尿呈滴状或细流状，严重的完全阻塞可引起尿闭，导致尿毒症以至膀胱破裂。

3. 预防

调整日粮钙、磷比例达到（1.5~2）:1，镁的含量少于 0.2%。饲喂一定比例的干草以增加唾液分泌量，使更多的磷随粪便排出体外。保证充足的饮水，日粮中添加 0.5%~1%

氯化铵，补充维生素 A、B 族维生素，防止饲养密度过大，适当运动。

4. 治疗

若结石在阴茎头则可割去尿道突挤出结石；若结石在尿道深部则须在结石部用手术法开口取出结石。

（二）羔羊异食癖

1. 病因

由于羔羊缺乏矿物质、微量元素以及维生素 A、维生素 D 等而引起。

2. 症状

病羔啃食母羊羊毛，或在羊圈内捡食脱落的羊毛或啃食土块等。患病羔皮毛粗乱，食欲减退，日渐消瘦，有时流口水，磨牙。胃肠内形成毛球后，表现腹痛。

3. 预防

注意补给维生素 A、维生素 D。饲料中适当添加贝壳粉、食盐及微量元素添加剂。

4. 治疗

胃肠中毛团严重时应进行手术治疗。

（三）白肌病

1. 病因

主要是由于土壤、草料中缺乏硒和维生素 E 所致，羔羊多发，常呈地区性发生。

2. 症状

病程分为急性、亚急性、慢性 3 种类型。急性病例，病羊常突然死亡。亚急性病例，病羊精神沉郁，背腰发硬，步样强拘，后躯摇晃，后期常卧地不起。臀部肿胀，触之硬固。呼吸加快，脉搏增加。初期心搏动增强，以后心搏动减弱，并出现心律失常。慢性病例，病羊运动缓慢，步样不稳，喜卧。精神沉郁，食欲减退，有异嗜现象。被毛粗乱，缺乏光泽，黏膜黄白，腹泻多尿。脉搏增加，呼吸加快。

3. 预防

关键在于加强对妊娠母羊、哺乳期母羊和羔羊的饲养管理，尤其是在冬、春季节，可在饲料中添加含硒维生素 E 粉，或肌内注射 0.1%亚硒酸钠-维生素 E 注射液。每只母羊在生产前 1 个月肌内注射 0.1%亚硒酸钠-维生素 E 注射液 5 毫升，即可起到很好的预防作用。也可在羔羊出生后第三天肌内注射 0.1%亚硒酸钠-维生素 E 注射液 2 毫升，断奶前再注射 1 次（3 毫升）。

4. 治疗

对急性病例通常使用注射剂。常用 0.1%亚硒酸钠注射液肌内注射或皮下注射，羔羊每次 2~4 毫升，间隔 10~20 天重复注射 1 次。维生素 E 注射液肌内注射，羔羊 10~15 毫克，每天 1 次，连用 5~7 天为 1 个疗程。对慢性病例可采用饲料中添加的办法。

（四）羔羊消化不良

1. 病因

母羊妊娠后期饲养不良，所产羔羊体形瘦弱，胃肠功能欠佳；羔羊饮食不当，如采食量过大、食物及饮水温度太低以及顶风吃食等都可引起羔羊消化不良。

2. 症状

精神不振，食欲减退，体温正常。由于消化不良，食物不能被充分消化吸收，身体逐日消瘦，全身症状轻微。

3. 预防

加强母羊妊娠后期的饲养管理及羔羊出生后的护理。

4. 治疗

人丹，每天 2 次，每次 2 袋，至食欲好转后停药；10%氯化钠注射液 20 毫升，20%葡萄糖注射液 100 毫升，维生素 C 注射液 10 毫升，一次静脉注射，每天 1 次，一般 2~3 次即愈；乳酶生，口服，每次 2~3 片，每天 2~3 次，连用 3~5 天；中药治疗可用椿皮散、健胃散等，均有良好疗效。

（五）母羊妊娠瘫痪病

1. 病因

母羊妊娠期特别是妊娠后期营养不足，产羔后乳腺迅速膨大泌乳，血糖、血钙等含量急剧下降，血压降低，使大脑皮层发生抑制而引起发病。

2. 症状

病初精神沉郁，黏膜苍白，食欲减退。有的妊娠母羊后期流产或双目失明，流口水、磨牙；也有的头颈高举向后弯曲，发生痉挛，卧地不起，昏迷不醒。死前呼吸浅表，瞳孔散大，四肢呈游泳状划动。

3. 预防

加强饲养管理，特别是妊娠后期应饲喂富含维生素的青饲料，补喂钙、磷等矿物质饲料，并保持适当的运动。产羔后立即给予大量温盐水，促使降低的血压迅速恢复正常。此外，要补充钙、糖，增加血钙、血糖的含量。

4. 治疗

每只羊静脉注射10%葡萄糖酸钙注射液80~100毫升，每天1次，连用2~3天；或静脉注射10%氯化钙注射液30毫升，每天1次，连用2~3天。注意钙制剂静脉注射时要缓慢，不能漏到静脉血管外。同时，配合对症疗法。

三、中毒病

（一）毒草中毒

1. 病因

断奶后的羔羊开始放牧时首先会遇到毒草中毒的威胁。毒草比一般草返青早、生长快，而且颜色鲜艳，在牧场上遥看一片绿、近看草根稀的季节里，羊特别是幼龄羊识别毒草的能力差，最容易误食毒草而引起中毒。北方地区的毒草主要有藜芦、狼毒、毒芹和白头翁等。

2. 症状

精神沉郁，离群掉队，采食和反刍停止，口吐白沫，低头站立。严重羊只腹痛膨胀，下泻，呼吸困难，最后体温下降，窒息而死。

3. 预防

在春季青草返青时，不要在有毒草的地方放牧，以免因误食而中毒。

4. 治疗

用1%鞣酸溶液100~400毫升灌服；用0.1%高锰酸钾溶

液 100~200 毫升灌服；必要时注射强心剂类药物及解毒类药物（阿托品、葡萄糖等）。中毒羊发病迅速，必须及早处置。所以，放牧人员要随身携带定量分装的鞣酸或鞣酸蛋白，发现中毒羊及时用细颈瓶加水灌服，即可解毒，脱离危险。

（二）尿素中毒

1. 病因

尿素添加剂量过大，浓度过高，与其他饲料混合不匀，或食后立即饮水，以及羊喝了大量人尿都会引起尿素中毒。

2. 症状

发病较快，表现不安，呻吟磨牙，口流泡沫性唾液；瘤胃急性膨胀，蠕动消失，肠蠕动亢进；心音亢进，脉搏加快，呼吸极度困难；中毒严重者站立不稳，倒地，全身肌肉痉挛，眼球震颤，瞳孔放大。

3. 预防

合理正确使用尿素添加剂，避免羊偷食尿素等含氮化肥及喝过量人尿。

4. 治疗

发现尿素中毒应及早治疗，一般常用 1%醋酸溶液 200~300 毫升或食醋 250~500 克灌服，若再加入食糖 50~100 克，加水灌服效果更好。另外，可用硫代硫酸钠 3~5 克，溶于 100 毫升 5%糖盐水，静脉注射。临床证明，用 10%葡萄糖酸钙注射液 50~100 毫升、10%葡萄糖注射液 500 毫升，静脉注射，再加食醋 250 克灌服，有良好效果。

（三）有机磷农药中毒

1. 病因

羊只误食喷洒过农药的农作物、牧草、田间野草和被农药污染过的饲料及水，或用有机磷农药驱除羊体外寄生虫时用药量过大、方法不当，或有机磷农药管理不当被羊舔食均可引起中毒。

2. 症状

流涎，流泪，出汗，流鼻液，结膜暗赤，瞳孔缩小，磨牙，肠鸣音亢进，腹泻，腹痛，呕吐，口吐白沫，肌肉颤抖，四肢发硬。严重者全身战栗，狂躁不安，向前猛冲，无目的奔跑，呼吸困难，心跳加快。体温升高，瞳孔极度缩小，视物不清，抽搐痉挛，昏迷，排粪、排尿失禁，终至死亡。

3. 预防

严禁用刚喷洒过农药的作物、蔬菜、牧草、杂草等作饲料喂羊，一般喷洒 7 天后方可饲用。用有机磷农药驱虫时应注意防止羊舔食农药引起中毒。

4. 治疗

发现有机磷中毒后应及早治疗，可用解磷定、氯磷啶等特效解毒药，第一次每只羊 0.2~1 克，以后减半，用生理盐水配成 2.5%~5% 的溶液缓慢静脉注射，视病情连续用药，一般每天 1~2 次；也可用 1% 硫酸阿托品注射液 1~2 毫升皮下注射，病重者每 2~3 小时注射 1 次，直到出现瞳孔散大、口干等症状时停药；排出胃肠道滞积物，先用 1% 食盐水或 0.05% 高锰酸钾溶液洗胃，再灌服 50% 硫酸镁溶液 40~60 毫升，进行导泻，使中毒羊胃内毒物由肠道尽快排出。

(四) 霉变饲料中毒

1. 病因

羊采食因受潮而发霉的饲料，其中的真菌产生毒素，引起羊只中毒。

2. 症状

精神不振，停食，后肢无力，走路蹒跚但体温正常。从直肠流出血液，黏膜苍白。出现中枢神经症状，如头顶墙壁呆立等。

3. 预防

严禁饲喂腐败、变质的饲料，加强饲草、饲料的保管，防止霉变。

4. 治疗

发现羊只中毒，应立即停喂发霉饲料。口服泻剂，可用液状石蜡或植物油 200～300 毫升，一次灌服，或用硫酸镁（钠）50～100 克溶于 500 毫升水中，一次灌服，以排出毒物。然后用黏浆剂和吸附剂如淀粉 100～200 克、木炭末 50～100 克，或用 1% 鞣酸溶液口服以保护胃肠黏膜。静脉注射 5% 糖盐水 250～500 毫升或用 40% 乌洛托品注射液 5～10 毫升，每天 1～2 次，连用数日。心脏衰弱者可肌内注射 10% 安钠咖注射液 5 毫升，出现神经症状者肌内注射盐酸氯丙嗪注射液，每千克体重 1～3 毫克。

参考文献

刁其玉，2019. 中国肉用绵羊营养需要 ［M］. 北京：中国农业出版社.

马利青，2018. 肉羊疾病诊疗图鉴 ［M］. 北京：中国农业科学技术出版社.

张克山，2013. 羊常见疾病诊断图谱与防治技术 ［M］. 北京：中国农业科学技术出版社.

张英杰，2013. 规模化生态养羊技术 ［M］. 北京：中国农业大学出版社.

张英杰，2014. 养羊手册 ［M］. 第 3 版. 北京：中国农业大学出版社.

张英杰，2015. 羊生产学 ［M］. 第 2 版. 北京：中国农业大学出版社.

张英杰，2017. 羔羊育肥技术 ［M］. 北京：中国科学技术出版社.

NRC，2007. Nutrient Requirements of Small Ruminants：Sheep，Goats，Cervids and New World Camelids ［M］. Washington：National Academy Press.